ÉLÉMENTS

DE

STATISTIQUE ET DE GÉOGRAPHIE

GÉNÉRALES

PAR

J. CH. M. BOUDIN

MEMBRE DES SOCIÉTÉS DE GÉOGRAPHIE ET DE STATISTIQUE DE PARIS

ET

H. BLANC

CHEF DE BUREAU AU MINISTÈRE DE L'INSTRUCTION PUBLIQUE ET DES CULTES

MEMBRE DES SOCIÉTÉS DE GÉOGRAPHIE ET DE STATISTIQUE DE PARIS

PÁRIS

HENRI PLON, IMPRIMEUR-ÉDITEUR

RUE GARANCIÈRE, 8

1860

ÉLÉMENTS

DE

STATISTIQUE ET DE GÉOGRAPHIE

GÉNÉRALES.

ABRÉVIATIONS.

---

alt.	altitude.
cap.	capitale.
ch.-l.	chef-lieu.
dét.	détroit.
E.	est.
h.	habitants.
k.	kilomètres.
k. c.	kilomètres carrés.
lat.	latitude.
long.	longitude.
m.	mètres.
N.	nord.
O.	ouest.
pop.	population.
roy.	royaume.
S.	sud.
s. p.	sous-préfecture.
sup.	superficie.
v. pr.	villes principales.

PARIS. TYPOGRAPHIE DE HENRI PLON, IMPRIMEUR DE L'EMPEREUR,
rue Garancière, 8.

ÉLÉMENTS

DE

STATISTIQUE ET DE GÉOGRAPHIE

GÉNÉRALES

PAR

J. CH. M. BOUDIN

MEMBRE DES SOCIÉTÉS DE GÉOGRAPHIE ET DE STATISTIQUE DE PARIS

ET

H. BLANC

CHEF DE BUREAU AU MINISTÈRE DE L'INSTRUCTION PUBLIQUE ET DES CULTES
MEMBRE DES SOCIÉTÉS DE GÉOGRAPHIE ET DE STATISTIQUE DE PARIS

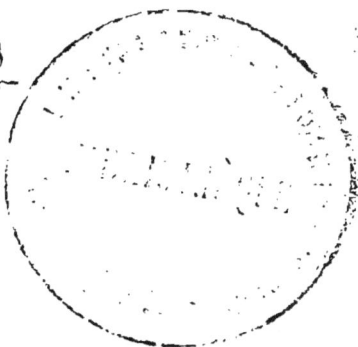

PARIS

HENRI PLON, IMPRIMEUR-ÉDITEUR,

8, RUE GARANCIÈRE.

1860

AVANT-PROPOS.

Les graves événements politiques qui surgissent dans le monde, et qui ont leur cause principale dans les différences de cultes et de nationalités, démontrent l'urgente nécessité de vulgariser les notions que fournit la Statistique sur ces points essentiels et de les faire désormais marcher parallèlement à l'étude de la géographie.

Telle est la pensée qui a présidé à la publication de ce travail, pour lequel, afin de répondre aux exigences des établissements d'instruction, nous avons adopté l'ordre du programme officiel pour l'enseignement de la géographie dans les lycées.

La Statistique est l'application des nombres à la constatation et à l'interprétation des faits. A ce titre, nulle science n'a plus besoin de la Statistique que la géographie, et l'on verra, dans notre quatrième chapitre, à quelles incroyables erreurs sont arrivés, sous ce rapport, les hommes les plus éminents parmi nos prédécesseurs.

Ainsi Malte-Brun et Balbi admettent pour la population du globe des chiffres qui sont à peu près de cent pour cent au-dessous de la réalité. Balbi donne pour l'Asie 60 millions d'habitants, alors que la population de cette partie du monde excède bien certainement 700 millions; Berghaus admet pour l'Afrique une population de 275 millions d'habitants, lorsque ce continent en compte à peine 100 millions.

Sous d'autres points de vue, les erreurs ne sont ni moins grandes ni moins nombreuses chez les divers auteurs. Ainsi, l'un d'eux affirme que l'Islande est *constamment ensevelie sous la neige ;* un autre continue d'accorder à la Suisse *trois* capitales; un troisième, parlant des personnes *privilégiées* qui concourent, en France, avec le chef de l'État, à la confection des lois, cite les membres de la *chambre des pairs !*

Jusqu'ici aucun traité de géographie n'avait donné la Statistique des nationalités ni des cultes. Nous nous sommes attachés à combler cette lacune. La plupart des livres de géographie donnaient au hasard le chiffre des populations; nous avons remplacé ces vagues appréciations par des chiffres précis, officiels ou puisés au moins aux sources les plus respectables, tant en France qu'à l'étranger.

Nous avons cru devoir faire précéder la géogra-

phie politique de considérations générales sur la
cosmographie céleste et terrestre, sur la climatologie
et sur la population du globe. Dans l'exposé de ces
considérations nous avons fait de fréquents em-
prunts au *Traité de Géographie et de Statistique
médicales* (1), publié récemment par l'un de nous,
et, sous ce rapport, nous appelons l'attention particulière sur le chapitre V, relatif au non-cosmopo-
litisme des races humaines, question aussi neuve
qu'originale. En ce qui regarde la Géographie Physique, nous avons dû renvoyer souvent à la Carte
publiée également par l'un de nous (2).

---

(1) 2 vol. in-8° avec 9 cartes, chez J. B. Baillière et fils.
Paris, 1857.

(2) *Carte physique et météorologique du globe,* contenant
la distribution géographique de la température, des vents, des
pluies, des neiges et des phénomènes électriques. 3e édition.

ÉLÉMENTS

DE

STATISTIQUE ET DE GÉOGRAPHIE

GÉNÉRALES.

CHAPITRE PREMIER.

COSMOGRAPHIE CÉLESTE.

La *cosmographie* est la description générale de l'univers. On entend par *univers* l'ensemble de tous les corps célestes qui remplissent et parcourent l'espace. Les corps célestes, tous sphériques, sont les *étoiles* et les corps appartenant au *système solaire*. Les *étoiles* sont des astres lumineux par eux-mêmes et qui semblent conserver entre eux toujours la même distance, bien qu'ils ne la gardent pas en réalité. Pour donner une idée du nombre des étoiles, il suffit de rappeler que, dans un espace de la Voie lactée long de 15° et large de 2°, Herschell en a compté jusqu'à 50 mille. D'après les calculs des astronomes, leur distance de la terre ne peut être inférieure à 64 quatrillions de kilomètres. On considère les étoiles comme autant de soleils autour desquels tournent des corps semblables aux planètes. Elles forment des groupes connus sous le nom de *constellations*.

1

On appelle *système solaire* un groupe de *planètes* et d'astres tournant autour du soleil, qui en occupe le centre. Il se compose de *planètes*, de leurs *satellites* et d'une myriade de comètes. Les principales comètes deviennent à leur tour centre de mouvement de systèmes secondaires. Les satellites sont plus nombreux vers les régions extrêmes du monde planétaire; du côté opposé, la terre seule possède une lune. Le soleil peut être considéré comme immobile par rapport aux astres qui accomplissent autour de lui leurs révolutions, mais, en réalité, il exécute lui-même, en vingt-cinq jours et demi, une rotation autour du centre de gravité de l'ensemble du système. Le diamètre du soleil est représenté par 112 diamètres terrestres; son volume est à celui de la terre comme 1407124 à 1; sa masse comme 354946 à 1; sa densité comme 0,252 à 1; sa distance moyenne de la terre est de 152 millions de kilomètres ou de 24000 rayons terrestres.

Le système solaire se compose des principaux éléments suivants :

Soleil,	Métis,	Iris,
Mercure,	Hébé,	Hygie,
Vénus,	Astrée,	Jupiter,
La Terre,	Junon,	Saturne,
Mars,	Cérès,	Uranus,
Flore,	Pallas,	Neptune,
Vesta.		

Pour donner une idée des volumes et des distances des planètes, John Herschell, comparant le soleil à un globe de 2 pieds de diamètre, trouve que Mercure pourrait être représenté par un grain de moutarde, à une distance de 164 pieds; Vénus, par un pois, à 284 pieds; la terre, par un pois un peu plus gros, à 430 pieds; Mars par une grosse tête d'épingle, à une distance de 1000 à 1200 pieds; Jupiter, par une orange moyenne, à 2200 pieds; Uranus par une grosse cerise, à 8200 pieds.

Les *planètes* décrivent autour du soleil une ellipse dont cet astre occupe le foyer commun. Elles sont soumises à deux mouvements : l'un de rotation sur elles-mêmes, et l'autre de translation dans l'orbe de chacune d'elles. Ces deux mouvements s'exécutent d'occident en orient. Dans leur course autour du soleil les planètes ne s'éloignent jamais de l'écliptique, grand cercle de la sphère céleste qui forme avec l'équateur, autre cercle éloigné de 90 degrés des deux pôles, un angle de 23° 27′ 55″.

Plusieurs planètes sont accompagnées d'autres plus petites qui tournent autour d'elles en même temps qu'elles tournent sur elles-mêmes. On les nomme *satellites*. La lune est le satellite de la terre.

Kepler a démontré : 1° que les orbites sont des ellipses dont le soleil occupe le foyer commun ; 2° que les espaces marqués par une ligne tirée du soleil à une planète, dans les divers points de son orbite, sont égaux quand les temps employés à les parcourir sont égaux ; ou bien les espaces parcourus par la droite qui joint le centre du soleil au centre d'une planète sont proportionnels aux temps employés à les parcourir ; 3° que les carrés des temps des révolutions des planètes sont entre eux comme les cubes de leurs distances moyennes au soleil.

On appelle *périhélie* le point où une planète est le

plus rapprochée, *aphélie* celui où elle est le plus éloignée du soleil; le *périgée* est le point où un corps céleste est le plus près, l'*apogée* celui où il est le plus loin de la terre. Il y a *conjonction inférieure* d'une planète quand elle se trouve entre le soleil et la terre; la *conjonction supérieure* a lieu quand le soleil est placé entre la planète et nous.

Les *comètes* diffèrent des *planètes* en ce que leur marche s'effectue dans toutes les directions; elles décrivent d'ailleurs autour du soleil, non des ellipses, mais des paraboles. On distingue, dans la plupart des comètes, le *noyau,* qui en constitue le centre plus ou moins lumineux, et la *chevelure,* espèce d'auréole qui entoure le noyau. Le noyau et la chevelure réunis forment la tête de la comète; la traînée lumineuse, plus ou moins longue, qui l'accompagne, porte le nom de *queue.*

La *lune* est un corps opaque, sphérique, dont le diamètre est un peu moins du tiers de celui de la terre. L'éclat dont elle brille est emprunté au soleil. Son volume est à celui de la terre comme 18 à 1000, sa masse connue comme 1 à 88, sa densité comme 620 à 1000. La lune est éloignée de 338000 k. de la terre, autour de laquelle elle décrit une orbite elliptique avec une vitesse de 5 myriamètres par minute. Elle met 27 jours 7 heures 43 minutes 11 s. 5 à accomplir sa révolution directe, c'est-à-dire à venir se replacer entre le soleil et la même étoile. Pendant ce temps, la terre s'étant avancée dans son orbite, la lune a besoin de 2 jours 5 heures pour se remettre en conjonction avec cette planète et le soleil, ce qui porte la révolution synodique ou le mois lunaire à 29 jours 12 heures 44 minutes 2 s. 9.

Pendant chaque *révolution synodique*, la lune prend différentes formes ou *phases*. Quand cet astre se trouve directement interposé entre le soleil et nous, il est éclairé dans toute l'étendue de l'hémisphère opposé à la terre, de l'hémisphère que l'opacité de la matière dont il se compose nous empêche de découvrir. La lune, alors, ne peut être aperçue ; on la dit *nouvelle*. Le moment où ce phénomène se réalise est celui de la conjonction. A 14 jours, 76, terme moyen, du moment de la conjonction ou de la nouvelle lune, la face de cet astre éclairée par le soleil coïncide avec la face tournée de notre côté ; elle paraît être un cercle lumineux complet. Ce temps s'appelle l'opposition. La lune est alors pleine. Le mot de *syzygie* sert à désigner indistinctement les nouvelles et les pleines lunes. A l'époque qui partage en deux parties égales l'intervalle compris entre la nouvelle et la pleine lune, cet astre a la forme d'un demi-cercle lumineux. Sa partie occidentale paraît circulaire, sa partie orientale rectiligne. C'est le premier quartier. On dit alors que la lune se trouve dans la première quadrature, parce que sa distance angulaire au soleil est d'environ 90 degrés ou du quart de la circonférence entière. La seconde quadrature, le second ou dernier quartier, arrive 7 jours 4 heures après la pleine lune. C'est la seconde époque où, dans une lunaison, l'astre paraît sous la forme d'un demi-cercle lumineux. Cette fois, la convexité est orientale, et la portion rectiligne à l'occident. Le premier, le second, le troisième et le quatrième *octant* sont respectivement situés, comme le nom l'indique, à égales distances de la nouvelle lune et du premier quartier, du premier quartier et de la pleine lune, de la pleine lune et du second quartier, du second quartier et de la nouvelle lune suivante. Chaque octant est d'ailleurs caractérisé par une forme particulière de l'astre. L'intervalle de temps qui s'écoule entre la nouvelle et la pleine lune, et durant lequel la partie éclairée de l'astre, visible de la terre, augmente graduellement d'étendue, s'appelle la période de la lune croissante. Le temps qui sépare la pleine lune de la nouvelle lune du mois suivant porte le nom de période de la lune décroissante, du décours ou du déclin (1).

La lune, en passant entre le soleil et la terre, et la terre, en passant entre le soleil et la lune, se couvrent mutuellement de leur ombre, et produisent le phénomène des *éclipses,* distinguées en *totales, centrales, partielles, appulses* et *annulaires.* Il y a *immersion* quand le corps éclipsé commence à passer derrière celui qui la cache; *l'émersion* est le temps où il reparaît. L'époque des éclipses des temps passés étant susceptible d'être calculée, on comprend que ces phénomènes peuvent servir à fixer avec précision la date des faits historiques qui ont coïncidé avec eux.

Lors de l'éclipse totale de soleil du 8 juillet 1842, on observa un abaissement du thermomètre à l'ombre : de 3° centigrades à Perpignan; de 3°,4, à Milan; de 3°,1, à Venise. Au soleil, l'abaissement d'un thermomètre à boule vitreuse ordinaire fut de 5°,5 entre 5 heures 6 minutes et 5 heures 48 minutes : un thermomètre à boule noire donna un abaissement de 8°,7 entre 5 heures 10 minutes et 5 heures 48 minutes. A Montpellier, des objets étaient jaune orangé quand

---

(1) *Ann. du Bureau des Longit.* pour 1833, p. 150.

l'éclipse arriva au huitième doigt, et se montrèrent d'un rouge tirant sur l'eau vinée lorsqu'elle fut parvenue à un peu plus de onze doigts et demi. Des chauves-souris, croyant la nuit venue, quittèrent leurs retraites ; un hibou traversa en volant la place du Peyrou ; les hirondelles disparurent ; les poules rentrèrent ; des bœufs, qui paissaient librement, se rangèrent en cercle, adossés les uns aux autres, les cornes en avant comme pour résister à une attaque. A Crémone, on vit tomber à terre un grand nombre d'oiseaux. A Venise, des oiseaux, voulant s'enfuir et n'y voyant pas, allaient se heurter contre les cheminées des maisons ou contre les murs, mais, étourdis du coup, ils tombaient sur les toits, dans les rues ou dans les lagunes.

Du flux et du reflux. Deux fois par jour l'Océan se soulève et s'abaisse par un mouvement d'oscillation régulier. Les eaux montent d'abord pendant environ un quart de jour ; elles inondent ainsi les rivages, et se précipitent dans l'intérieur des fleuves jusqu'à de grandes distances de leur embouchure : ce mouvement se nomme le *flux*. Lorsque les eaux sont parvenues à leur plus grande hauteur, elles ne restent dans cet état que quelques instants : c'est le moment de la *haute mer*. Peu à peu elles commencent à descendre par les mêmes périodes qu'elles avaient suivies dans leur accroissement. Elles se retirent et abandonnent les lieux qu'elles avaient inondés. Ces mouvements se nomment le *reflux :* ils durent à peu près un quart de jour ; les eaux arrivent ainsi à leur plus grande dépression et y restent pendant quelques instants. C'est le moment de la *basse mer*. Bientôt le flux recommence par les mêmes périodes, en suivant exactement les mêmes lois. Ces mouvements de la mer peuvent être augmentés par l'action des vents, mais ils ne leur doivent pas leur existence ; car on les observe également par le temps le plus calme et le plus serein. On trouve jusque dans leurs plus petits détails des rapports marqués avec les conjonctions de la lune et du soleil ; l'influence de la lune est surtout sensible. Cela se voit d'abord par les intervalles des retours du flux et du reflux. Ces intervalles ne sont pas toujours les mêmes. mais ils ont cependant une durée moyenne dont ils s'écartent peu, et qui est de 1 j., 035,050. Pendant ce temps, il y a deux basses mers et deux pleines mers. Or, c'est précisément le temps que la lune emploie pour revenir au méridien par l'effet de son mouvement moyen, et cette période du flux et du reflux peut s'appeler un jour lunaire. On remarque que les plus grandes marées ont lieu dans les syzygies, et les plus petites dans les quadratures ; en sorte que l'observation des phases de la lune peut faire prévoir leur retour.

Dans de petites mers et près des rivages, les mouvements des eaux peuvent être gênés et contrariés par les obstacles qu'ils rencontrent, et les instants des marées varient suivant les temps nécessaires pour que les ondulations se propagent. C'est ce qui arrive dans nos ports, quoiqu'ils soient situés sur le même Océan. L'heure de la haute mer est fort différente de l'un à l'autre, quoique constante dans chaque port. A Dunkerque, par exemple, la pleine mer a lieu d'un demi-jour après le passage de la lune au méridien ; à Saint-Malo, c'est un quart de jour ; au cap de Bonne-Espérance, c'est 0 j., 0625. L'heure où le phénomène arrive le jour de la nouvelle lune s'appelle l'*établissement du port*.

La théorie de l'attraction a fait connaître la cause du flux et du reflux de la mer et donné le moyen de calculer toutes les variations qui doivent s'y produire; elle a appris comment on peut les prévoir. Les oscillations de la mer se sont ainsi trouvées liées aux mouvements célestes, et ils ont servi à en faire mieux connaître plusieurs points importants (1).

CHAPITRE II.

COSMOGRAPHIE TERRESTRE.

La terre a deux mouvements : l'un de rotation, qui constitue le mouvement diurne; l'autre de translation autour du soleil, qui représente le mouvement annuel. On distingue deux jours de rotation : l'un se mesure par le retour d'un même point en face du soleil, et s'étend entre deux midis; c'est le *jour solaire;* l'autre, *jour sidéral,* ne comptant que 23 heures 56 minutes 4 secondes, est marqué par le retour d'un point en face d'une même étoile. Le jour solaire varie de durée, par suite du mouvement de la terre dans une ellipse, d'où il suit que, l'axe parcouru dans chaque rotation étant variable, il faut aussi plus ou moins de temps à la terre pour ramener un point en face du soleil. Pour tous les points situés sous l'équateur, la vitesse de rotation de la terre est de 465 mètres par seconde.

(1) J. B. Biot, *Traité élémentaire d'astronomie physique.* Paris, 1805. P. 413 à 417.

1.

La révolution complète de la terre autour du soleil s'effectue en 365 jours 5 heures 48 minutes 5 secondes, et constitue l'*année équinoxiale* ou *tropique*, appelée aussi *année sidérale*. L'*année civile* mesure le temps qui ramène la terre en conjonction avec le soleil et une étoile; elle est de 365 jours 6 heures 9 minutes 51 secondes.

On appelle *axe* la ligne sur laquelle s'opère la rotation de la terre, et *pôles* les extrémités de cet axe. L'un est dit pôle *arctique*, parce qu'il est tourné vers la constellation des Ourses; l'autre est le pôle *antarctique*. L'*équateur* est le cercle placé à égale distance des deux pôles, et qui divise la terre en *hémisphère boréal* et en *hémisphère austral*. Les *méridiens* sont des cercles qui, passant par les pôles, divisent la terre en hémisphère *oriental* et en hémisphère *occidental*. On nomme *parallèles* les cercles parallèles à l'équateur. On appelle *tropiques du Cancer* et *du Capricorne* les parallèles qui passent à 23 degrés et demi au N. et au S. de l'équateur, et *cercles polaires arctique* et *antarctique*, les parallèles situés à 23 degrés et demi des pôles nord et sud.

L'axe de la terre est incliné sur le plan de l'écliptique de 66 degrés 32 minutes 27 secondes, ou, si mieux on aime, le plan de l'écliptique est incliné sur l'équateur de 23 degrés 27 minutes 33 secondes. Il suit de là que l'hémisphère boréal et l'hémisphère austral sont tour à tour dirigés vers le soleil, d'où la différence dans la température des saisons et dans la durée des jours.

La terre est divisée en cinq *zones*, séparées par les tropiques et les cercles polaires. On appelle *zone tor-*

ride celle qui est renfermée entre les tropiques, et dont la largeur est de 46° 55′20″. Les *zones glaciales arctique* et *antarctique* occupent l'espace situé entre les pôles et les cercles polaires arctique et antarctique. Chacune de ces zones a une largeur de 23° 27′40″. On appelle *zones tempérées* celles qui sont comprises entre les cercles polaires et les tropiques, et on les distingue en *zone tempérée boréale* et *zone tempérée australe*.

Forme, hauteur, volume et poids de l'atmosphère. Après la croûte terrestre, l'atmosphère représente une seconde enveloppe extérieure, et l'homme habite les bas-fonds (plateaux et montagnes) de cet océan aérien. L'air ne renferme pas seulement le premier élément de la vie animale, l'oxygène, mais il est encore le véhicule du son, et, comme tel, il devient pour les peuples véhicule du langage, des idées et des relations sociales. Si l'atmosphère manquait à la terre, comme elle manque à la lune, le silence régnerait sur toute son étendue. Semblable au globe terrestre qu'elle enveloppe de toutes parts et qu'elle accompagne dans son double mouvement, l'atmosphère présente très-probablement, comme lui, la forme d'un sphéroïde renflé à l'équateur et aplati aux pôles. Faisant équilibre, au niveau de la mer, à une colonne de mercure à zéro de $0^m,76$, ou à une colonne d'eau de $10^m,336$, sa hauteur ne serait que de 7950 mètres, si sa densité était constante ; mais si l'on tient compte de la diminution de $1/267^e$ du volume de l'air par chaque degré de refroidissement, on trouve une hauteur probable de 43000 à 47000 mètres.

Détermination de la position géographique d'un lieu. La position géographique d'un lieu se dé-

termine par sa distance à l'équateur, ou par l'angle du
méridien terrestre compris entre l'équateur et son parallèle, et par l'angle que forme son méridien avec un premier méridien. Sa distance à l'équateur dépend de l'angle
compris entre son zénith et l'équateur céleste; cet angle
est égal à la hauteur du pôle sur l'horizon, hauteur que
l'on nomme *latitude*. On appelle *longitude* l'angle que
fait le méridien d'un lieu avec un premier méridien;
c'est l'arc de l'équateur compris entre les deux méridiens. Pour déterminer la position d'un lieu sur la
terre, il faut joindre à ces deux ordonnées horizontales
une troisième ordonnée verticale, exprimant l'élévation
au-dessus du niveau des mers, ou l'*altitude*. Ptolémée
avait fait passer son premier méridien par les Canaries,
limite occidentale des pays alors connus. Laplace a pro-
posé d'adopter le sommet du pic de Ténériffe. Le premier méridien de la France, fixé par une déclaration
de Louis XIII, en 1634, à l'île de Fer, la plus orientale
des îles Canaries, avait l'inconvénient de livrer la détermination de la longitude à l'arbitraire, la position de
l'île de Fer n'étant pas précise. Pour mettre un terme à
cet inconvénient, les astronomes français tracèrent dans
la grande salle de l'Observatoire de Paris une ligne
exactement dirigée du sud au nord, appelée méridienne
de l'Observatoire de Paris, et qui nous sert aujourd'hui
pour compter les longitudes. De la différence de longitude entre deux lieux résulte une différence correspon-
dante entre les heures qui y sont comptées simultanément, et qu'on appelle différence horaire des méridiens;
15 minutes de degré font une minute de différence de
temps; 4 minutes correspondent à un degré, et 4 secondes de temps à une minute de degré.

Des saisons (1). L'inclinaison de l'axe du globe sur le plan de l'orbe annuel est la principale cause du renouvellement périodique des saisons. A l'*équinoxe du printemps*, le rayon solaire tombe sur la surface de la terre à égale distance des deux pôles, c'est-à-dire sur un des points du cercle de l'équateur. Pendant que la terre est dans cette position, elle accomplit une seule révolution diurne, et la nuit est égale au jour pour tous les peuples. En continuant à tourner autour du soleil, le pôle boréal se dirige de plus en plus vers cet astre; celui-ci semble alors monter au plus haut point de sa course vers le pôle, jusqu'à ce que le pôle nord coïncide avec l'un des points du cercle, appelé *tropique du Cancer*. Le soleil paraît être à sa plus grande élévation pour les peuples de l'hémisphère boréal; les jours sont les plus longs de l'année. La situation de l'axe terrestre changeant très-peu pendant plusieurs jours, on a appelé cette époque de l'année *solstice* : c'est le commencement de l'été pour les régions boréales.

A partir du solstice d'été, le pôle septentrional, dans la course terrestre, s'éloigne de l'astre du jour jusqu'à ce que le rayon solaire tombe de nouveau à égale distance des deux pôles : c'est la fin de l'été pour notre hémisphère : c'est l'*équinoxe d'automne*. Enfin, l'axe de la terre paraît s'incliner en sens inverse de la direction qu'il semblait suivre au *solstice d'été* : le pôle septentrional se trouve à son plus grand éloignement du soleil; cet astre paraît être au plus bas de sa route, et traverser le *tropique du Capricorne;* les jours sont les plus courts de l'année pour l'hémisphère boréal, leur

---

(1) Huot, *Géographie physique,* p. 24.

augmentation est si peu sensible pendant plusieurs révolutions diurnes, que c'est alors ce qu'on appelle le
solstice d'hiver. Cette saison, qui commence à cette époque astronomique, dure jusqu'à ce que la terre arrive
à l'extrémité de sa course. Il résulte de là plusieurs
phénomènes : sous l'équateur, il y a deux étés et deux
hivers ; vers les pôles, il n'y a plus qu'un été et qu'un
hiver ; dans les régions tempérées, c'est par gradation
que la terre passe du froid au chaud ; on éprouve alors
quatre saisons.

Comme la terre décrit autour du soleil une ellipse,
la durée des quatre saisons ne peut être la même. En
effet, à l'époque du printemps et à celle de l'été de l'hémisphère boréal, la terre est plus éloignée du soleil
qu'en automne et en hiver ; elle doit donc employer plus
de temps à décrire la portion de son orbite qui correspond à ces deux saisons qu'elle n'en met à décrire celle
qui correspond à l'automne et à l'hiver. Mais comme les
effets de la marche de la terre sont en sens inverse dans
les deux hémisphères, il en résulte que le contraire a
lieu dans l'hémisphère austral ; le printemps et l'été y
sont plus courts que l'automne et l'hiver. Voici quelle est
la durée des saisons dans les régions tempérées des deux
hémisphères :

Hémisphère boréal.				Hémisphère austral.			
Printemps. .	92^j	22^h	14′	Printemps. .	89^j	16^h	36′
Été.	93	13	34	Été.	89	1	47
Automne . .	89	16	36	Automne . .	92	22	14
Hiver. . . .	89	1	47	Hiver. . . .	93	13	34

Mesure du temps (1). Chaque jour les astres se

(1) Saigey, *Petite physique du globe.* Paris, 1842. Deuxième
partie, p. 31.

lèvent vers l'orient, montent au-dessus de l'horizon jusqu'au méridien, puis descendent de l'autre côté de ce plan
pour se coucher vers l'occident. On dit qu'il est midi,
quand le soleil arrive au méridien dans la partie du
ciel située sur l'horizon; et qu'il est minuit, lorsque cet
astre atteint de nouveau le méridien dans la partie du
ciel située au-dessous de l'horizon. L'intervalle de temps
qui s'écoule entre deux passages successifs du soleil au
méridien supérieur, ou au midi, s'appelle un *jour vrai*.
Les jours vrais ne sont pas égaux entre eux; par conséquent, on ne pourrait s'en servir pour compter le temps
d'une manière précise. On a donc pris le parti d'ajouter
entre elles les durées de tous les jours vrais, mesurées
avec une pendule marchant très-régulièrement, et de
diviser cette somme par le nombre de jours, pour
avoir un *jour moyen* qui pût servir à la mesure du
temps. Il arrive alors que le 11 février, le 15 mai, le
27 juillet et le 3 novembre, sont des jours moyens. De
la première époque à la seconde, les jours vrais sont
plus petits que le jour moyen; et le minimum est le
15 avril, qui est de 15 à 16 secondes trop court. De la
seconde à la troisième époque, les jours vrais sont plus
longs que le jour moyen; et le maximum est le 15 juin,
qui est de 12 à 13 secondes trop long. De la troisième
à la quatrième époque, les jours vrais sont de nouveau
plus petits que le jour moyen, le minimum arrivant
le 1er septembre, jour de 18 à 19 secondes trop court.
Enfin, de la quatrième à la première époque, les jours
vrais surpassent le jour moyen, le maximum tombant
le 25 décembre, qui est de 30 à 31 secondes trop long.
Ainsi la différence entre le plus petit des deux jours

minimum et le plus grand des deux jours maximum peut s'élever jusqu'à 50 secondes.

Le *temps vrai* se compose de jours vrais et commence le 1er janvier, à minuit. Le *temps moyen* se compose de jours moyens, et son origine tombe vers le 25 décembre, époque du passage de la terre au périhélie. Les cadrans solaires marquent le temps vrai; les bonnes pendules suivent le temps moyen. Les uns et les autres sont d'accord le 15 avril, le 15 juin, le 1er septembre et le 25 décembre, époque des jours vrais, maximum et minimum; c'est alors qu'il faut régler les pendules sur le soleil. Mais, dans la plupart des villes, on règle les horloges publiques sur le temps vrai en toute saison, ce qui oblige de les déranger souvent pour les mettre d'accord avec la marche irrégulière du soleil. Dans plusieurs grandes villes d'Europe, et à Paris depuis plusieurs années, les horloges publiques sont réglées sur le temps moyen, et, comme on ne doit jamais y toucher que pour des réparations, il devient possible de discerner les bonnes et les mauvaises montres et pendules d'après le degré de précision dans leur marche annuelle. L'inégalité des jours vrais tient à ce que la terre, tournant uniformément sur son axe, avance d'une manière inégale dans son orbite, et que celui-ci se trouve incliné sur l'équateur. L'uniformité de la rotation du globe est prouvée par l'égale durée du temps qui s'écoule toujours entre deux passages successifs d'une même étoile au méridien, durée que l'on désigne par le nom de *jour sidéral*. Si donc le soleil restait constamment devant la même étoile, il reviendrait en même temps que celle-ci au méridien. Mais, dans l'intervalle de deux retours successifs, le soleil s'avance un peu vers l'orient, et il revient au méridien quelques minutes plus tard que l'étoile qui l'y avait accompagné le jour précédent; en sorte que le jour vrai est toujours plus long que le jour sidéral. La différence entre ce dernier et le jour moyen est de 3 minutes 56 secondes, c'est-à-dire que la terre tourne sur elle-même en 23 heures 56 minutes 4 secondes de temps moyen.

Du calendrier (1). Le mouvement du soleil détermine les diverses périodes employées pour la distribution du temps. Le choix de ces périodes et l'ordre de cette distribution composent ce que l'on appelle le *calendrier*. Le temps que le soleil emploie à revenir au même solstice, ou en général au même point de l'écliptique, forme l'*année*. Pour savoir combien l'année contient de jours solaires, sans avoir égard à leur inégalité, il suffirait de placer sur une méridienne un style vertical, et d'examiner tous les jours, à midi, la longueur de l'ombre; le jour où elle atteint sa plus petite longueur est celui du solstice d'été, et le nombre de jours écoulés entre deux retours consécutifs du soleil au même solstice donne la durée entière de sa révolution. On trouve ainsi que l'année tropique contient environ 365 jours, et c'est par cette méthode que les premiers astronomes paraissent l'avoir observé. Mais la véritable année moyenne est égale à 365 j. 2422453 : l'erreur tient surtout à l'inexactitude des observations des solstices. En effet, les hauteurs méridiennes du soleil croissent vers cette époque par des degrés insensibles; l'ombre du style suit les mêmes périodes, et il est impossible de reconnaître

---

(1) J. B. Biot, op. cit., p. 185.

exactement l'instant où le soleil doit arriver au solstice. On évite cet inconvénient en déterminant, par observation, deux époques dans lesquelles la hauteur méridienne du soleil est exactement la même, et toujours croissante ou décroissante également. L'intervalle de ces deux époques donne la durée moyenne de la révolution entière du soleil. C'est surtout vers les équinoxes que ce genre d'observation se fait avec le plus d'avantage, parce qu'alors les hauteurs méridiennes du soleil changent très-sensiblement d'un jour à l'autre. Pour appliquer ces résultats à la vie civile, et rendre leur usage vulgaire, on néglige les fractions : on a dès lors les années de 365 jours. Elles ont été autrefois en usage, mais leur inexactitude, devenant sensible après de très-petits intervalles, les a fait abandonner lorsqu'on a été plus instruit en astronomie. Leur principal inconvénient était de porter successivement l'origine de l'année dans les diverses saisons, car la petite différence 0.242245 produit, à très-peu près, un jour en quatre ans, et une année de 365 jours en 1508 ans, de sorte qu'après cet intervalle on aurait une année en arrière et l'on se retrouverait dans la même saison. Les Égyptiens paraissent avoir connu cette période, mais ils la faisaient de 1460 ans, parce qu'ils supposaient l'année de 365 j. 25. C'est ce que l'on nomme la *période sothiaque*.

Pour éviter ces inconvénients, on a imaginé la méthode des *intercalations*. Elle consiste à donner à l'année civile 365 jours, en prenant soin de corriger la petite erreur annuelle avant qu'elle se soit accumulée, et lorsqu'elle s'élève seulement à un jour. De cette manière, les corrections sont assez fréquentes, mais aussi *l'année civile* ne fait qu'osciller dans des limites peu étendues autour de l'année véritable, et l'influence de cette erreur sur les travaux de la société est tout à fait insensible. L'intercalation la plus simple est celle d'un jour tous les quatre ans. Elle suppose l'année moyenne de 365,25 ou 365 jours un quart, ce qui est peu différent de la vérité. Cette intercalation fut prescrite par Jules César, et prit de lui le nom de *correction julienne*. Suivant cette manière de compter, les *années communes* sont de 365 jours; elles sont partagées en 12 mois de 30 ou de 31 jours, à l'exception de février, qui n'en a que 28. Le jour intercalaire se place, tous les quatre ans, à la fin de février. L'année a alors 366 jours, et prend le nom de *bissextile*.

L'intercalation julienne s'est transmise à tous les peuples de l'Europe, mais leur ère est différente de celle des Romains, qui comptaient depuis la fondation de Rome. Dans l'*ère chrétienne* on compte les années depuis la naissance de Jésus-Christ, ou plutôt depuis une certaine année fixée astronomiquement par rapport à nous, et à laquelle on rapporte cet événement, dont l'époque précise est incertaine, comme on le voit par les opinions diverses des chronologistes. Mais cela est indifférent pour la progression successive des années, et l'origine de l'ère est tout à fait arbitraire. Il suffit qu'on ait fixé une seule des années par l'observation de quelque phénomène astronomique; or on sait que, lors de la tenue du concile de Nicée, l'équinoxe arrivait le 21 mars, et, suivant les calculs des chronologistes, il devait s'être écoulé depuis l'ère chrétienne 325 ans. On continua à compter de cette manière jusqu'en 1582, mais comme on supposait l'année de 365 jours 25, tandis qu'elle n'est que de 365 j. 242225, la petite différence annuelle s'était accumulée et avait produit, en 1257 ans, environ dix jours dont on était en retard sur l'année solaire. Les équinoxes s'éloignaient donc successivement de l'instant de l'année auquel le concile de 325 les avait rapportés, et la différence était à peu près d'un jour en 132 ans. Ce fut ce qui porta le pape Grégoire XIII à faire dans le calendrier un nouveau changement auquel on donna le nom de *réforme grégorienne*. On commença par réparer le retard des dix jours en ordonnant que le lendemain du 4 octobre 1582 s'appellerait, non le 5, mais le 15 octobre. On continua à employer l'intercalation julienne d'un jour tous les quatre ans, en sorte que toutes les années dont le nombre est divisible par quatre sont bissextiles. Mais on convint de supprimer ce jour intercalaire dans les années séculaires 1700, 1800 et 1900, en le laissant subsister dans l'an 2000, et ainsi de suite à perpétuité, de sorte que trois années séculaires communes sont toujours suivies d'une année bissextile. Cette intercalation très-simple est en même temps très-rapprochée de l'exactitude, car la différence annuelle de 0 j.007755 de l'intercalation julienne donne, après 400 ans, 3 j.1020, c'est-à-dire à peu près trois jours qu'il faut ajouter.

La manière précédente de compter les années forme ce que l'on appelle le *Calendrier grégorien*, suivant lequel l'équinoxe du printemps arrive toujours du 19 au 21 mars. A l'exception de la Russie, qui conserve encore le style julien, le Calendrier grégorien est maintenant employé dans tous les États de la chrétienté.

CHAPITRE III.

CLIMATOLOGIE (1).

M. de Humboldt définit le climat « l'ensemble des variations atmosphériques qui affectent nos organes d'une manière sensible : la température, l'humidité, les changements de la pression barométrique, le calme de l'atmosphère, les vents, la tension plus ou moins forte de l'électricité atmosphérique, la pureté de l'air ou la présence des miasmes plus ou moins délétères, enfin le degré ordinaire de transparence et de sérénité du ciel. »

Le principal rôle est départi à la température, qui, à ce titre, mérite une étude spéciale. Une foule de causes exercent une influence sur sa répartition à la surface du globe.

Celles qui servent à élever la température comprennent : dans la zone tempérée, le voisinage d'une côte occidentale ; la configuration des terres en presqu'îles nombreuses ; les mers intérieures et les golfes pénétrant profondément dans les continents ; l'orientation d'une terre relativement à une mer libre de glaces qui s'étend au delà du cercle polaire, ou par rapport à un continent d'une grande étendue placé sur le même méridien, à l'équateur, ou du moins à l'intérieur de la zone tropicale ; la direction sud et ouest des vents ré-

---

(1) Boudin, *Traité de géogr. et de statist. médic.*, t. I, p. 217.

gnants, pour la bordure occidentale d'un continent dans la zone tempérée; les montagnes servant d'abri contre les vents venant de contrées plus froides : la rareté des marécages dont la surface reste longtemps couverte de glace; l'absence de forêts sur un sol sec et sablonneux; la sérénité constante du ciel pendant l'été; enfin, le voisinage d'un courant maritime à eaux plus chaudes que celles de la mer ambiante.

Parmi les causes qui abaissent la température moyenne, on peut ranger la hauteur au-dessus du niveau de la mer d'une région dépourvue de plateaux considérables; la proximité d'une côte occidentale, pour les hautes et les moyennes latitudes; la configuration compacte d'un continent dont les côtes sont dépourvues de golfes; une grande extension des terres vers le pôle; des montagnes gênant l'accès des vents chauds, ou le voisinage de pics isolés; les marécages nombreux, formant dans le nord, jusqu'au milieu de l'été, de véritables glacières au milieu des plaines; enfin un ciel d'hiver pur ou un ciel d'été nébuleux.

Climats marins et climats continentaux. A mesure que l'on s'éloigne de la mer pour pénétrer dans l'intérieur des continents, on constate une différence toujours croissante entre la température de l'été et celle de l'hiver. Cette différence, qui n'est pour les Ferroë que de 6°,7 et de 8°,7 pour Penzance, s'élève pour Paris à 14°,4; pour Berlin à 18°,1; pour Vienne à 20°,1; enfin à 23°,6 pour Saint-Pétersbourg, et à 56°,1 pour Iakoutzk (1). Dans les climats éminemment marins, on voit végéter en plein air un grand nombre de plantes

---

(1) Boudin, *Carte physique et météorologique du globe.* 3e édition.

originaires des pays chauds. En revanche, les hivers sans rigueur ne tuent point les végétaux, mais aussi les étés sans chaleur ne mûrissent pas leurs fruits. Ainsi, en Vendée, on ne récolte que de mauvais vin, et dans la Bretagne, entre le 49ᵉ et le 49ᵉ de latitude, le raisin en espaliers ne mûrit pas tous les ans. Sous le méridien de Paris, la vigne en pleine terre ne dépasse pas le 49ᵉ; sur les bords du Rhin, elle remonte jusqu'à Dusseldorf, et, dans le centre de l'Allemagne, on la trouve encore à Dresde au dela du 51ᵉ degré de lat. En Hongrie, la vigne s'arrête au 49ᵉ, parce qu'elle ne saurait résister à la rigueur des hivers, qui deviennent d'autant plus froids qu'on s'éloigne davantage des côtes de l'Océan. Tandis que l'Angleterre se contente de pommes vertes et de cerises sans saveur, on obtient les fruits les plus savoureux dans presque toute l'Allemagne.

Côtes orientales et occidentales des deux zones tempérées. Dans les deux zones tempérées il règne des vents qui, dans l'hémisphère nord, soufflent du S. O., et, dans l'hémisphère sud, du N. O. Ils représentent donc des vents de terre pour les côtes orientales, et des vents de mer pour les côtes occidentales. Ces vents tendent à échauffer ces dernières, puisqu'ils ont passé sur une zone maritime qui, à raison de l'énorme masse des eaux et de la constante précipitation des particules refroidies, ne subit jamais un refroidissement égal à celui des continents. Il résulte de là qu'à latitude égale la température des côtes occidentales est plus élevée que celle des côtes orientales. Ainsi la température moyenne de Péking n'est que de 12°,7, alors que celle de Naples est de 16°,4. Même dans le nord de l'Amérique, on trouve sur la côte occidentale une température moyenne de

6°,9 à New-Archangelesk, tandis que, sur la côte orientale, à Nain, cette température est de 3°,8 au-dessous de zéro.

Influence de la latitude. Dans l'hémisphère nord, et dans le système de l'Amérique orientale, la température augmente de 0°,88 pour chaque degré de latitude, depuis la côte du Labrador jusqu'à Boston ; de Boston à Charleston de 0°,95 ; de Charleston au tropique du Cancer de 0°,66 ; dans la zone tropicale, de la Havane à Cumana, cette augmentation n'est plus que de 0°20. Dans l'Europe centrale, au contraire, entre les parallèles de 71° et 38°, la température s'élève uniformément à raison d'un demi-degré du thermomètre centigrade pour chaque degré de latitude. La température de l'Océan austral est plus froide que celle de la mer septentrionale.

Pôles de froid. Les pôles de froid ne coïncident pas avec les pôles géographiques ; nous avons donné, dans notre *Carte physique du globe,* leur situation et leur température selon Brewster et Berghaus. Arago assigne au pôle nord géographique une température de — 32° ou de — 18°, selon que la terre ferme s'étendrait jusqu'à ce pôle ou qu'il serait environné d'eau. Kaemtz pense que la température du pôle sud est un peu plus basse que celle du pôle nord.

Influence de la longitude. La température d'un lieu ne dépend pas seulement de sa latitude, elle est aussi subordonnée à sa longitude géographique. Ainsi Halifax, sur la côte orientale de l'Amérique, et Bordeaux, sur la côte occidentale de l'Europe, bien que situées toutes deux vers le 45e degré de latitude, présentent deux températures annuelles moyennes fort différentes : celle de la première de ces villes est de 6°,2, tandis que celle de Bordeaux est de 13°,9. A mesure que de la côte occidentale de l'Europe on s'avance vers l'est, la température moyenne va toujours en s'abaissant; l'abaissement est plus prononcé encore pour la moyenne de l'hiver. Une des causes principales de cet abaissement de la température se trouve dans l'action du Gulf-Stream et des vents de S. O. Tous deux élèvent la température de la côte occidentale de l'Europe; ces derniers répandent en outre une masse de nuages dont l'influence calorifique diminue nécessairement à mesure que ces nuages s'éloignent de leur point de départ.

Influence de l'altitude. La décroissance de la température, à mesure que l'on s'élève, est déterminée par plusieurs causes, en tête desquelles il faut citer la propriété de l'air d'augmenter de capacité par la chaleur en se raréfiant. Sans l'enveloppe atmosphérique, la différence de température ne serait pas sensiblement plus froide à 1000 m. de hauteur qu'au niveau de la mer. Le froid des montagnes est le résultat complexe : 1° de la distance verticale plus ou moins grande des couches d'air qui les entourent à la surface des plaines et de l'Océan; 2° de l'extinction de la lumière, phénomène qui diminue avec la densité de l'air; 3° de l'émission du calorique rayonnant favorisée par un air sec, froid et serein.

La décroissance de la température, suivant l'altitude des lieux, est d'une haute importance en météorologie, car elle touche à la fois aux hypothèses sur lesquelles reposent l'évaluation de la hauteur de l'atmosphère, la distribution des êtres organisés et leurs manifestations physiologiques. En thèse générale, la température s'a-

2

baisse à mesure qu'on s'élève au-dessus du niveau des mers, hormis dans quelques circonstances exceptionnelles, dans lesquelles des vents chauds soufflent en haut pendant que des vents froids règnent dans les couches inférieures.

Les ascensions des montagnes ont donné un abaissement de 1° centigrade pour les hauteurs ci-après :

Pour 144 m., au mont Ventoux (Martins).
— 149 — sur le Rigi (Kaemtz).
— 164 — au col du Géant (de Saussure).
— 168 — sur le Saint-Gothard et le Saint-Bernard (Schow).
— 172 — sur les montagnes du Spitzberg (commission du N.).
— 170 — sur le Faulhorn (Bravais).
— 175 — dans les Andes (Boussingault).
—— 187 — dans les Andes (de Humboldt).

Moyenne 166

Entre les parallèles de 38° et de 71°, une élévation de 78 à 85 m. produit le même effet qu'un déplacement vers le N. de 1° en latitude. Sous l'équateur, voici quelle est, de 1000 en 1000 m. d'altitude, la décroissance thermométrique :

Altitude.	Température moyenne.	Différence.
0 m.	27°,5	
1000	21 ,8	5°,7
2000	18 ,4	3 ,4
3000	14 ,3	4 ,1
4000	7	7 ,3
5000	1 ,5	5 ,5

Sur les plateaux, le décroissement de 1° centigrade exige :

Dans l'Amérique du Sud. .   243   m. d'altitude.
Aux États-Unis.   222,2   ——

CHAPITRE IV.

ETHNOGRAPHIE. — POPULATION DU GLOBE.

Quelle est la population du globe? Tous les géographes se sont posé cette question, mais on comprend de combien de difficultés sa solution était entourée, tant que l'on n'avait que des renseignements vagues sur la population des divers pays en particulier. Aujourd'hui encore, on ne possède des renseignements sérieux que sur les populations de l'Europe, de l'Amérique, de l'Australie, mais on n'a que des documents fort incomplets sur une grande partie de l'Asie et sur la plus grande partie de l'Afrique. Il résulte de là que l'on ne peut indiquer le chiffre de la population du globe que d'une manière hypothétique. Toutefois, il n'est pas sans intérêt d'examiner les évaluations données par plusieurs auteurs.

Vers 1774, le théologien Canz estimait à 60 millions d'habitants la population du globe. A peu près à la même époque, les auteurs de l'*Histoire universelle anglaise* la portaient à 4 milliards. En d'autres termes, ces derniers admettaient un chiffre trois à quatre fois plus élevé, tandis que Canz avait admis un chiffre vingt fois plus faible que le chiffre réel. Voltaire, qui se moquait à juste titre de ces évaluations, tombait lui-même dans une grave erreur en portant la population du globe à 1 milliard 600 millions, chiffre qui, selon toute apparence, exagère d'environ 400 millions le nombre réel des habitants de la terre. En 1804, Volney proposait le chiffre de 437 mil-

lions, chiffre très-probablement de 700 millions au-
dessous de la réalité. En 1810, Malte-Brun admettait
640 millions; en 1828, Balbi adoptait le chiffre de
737 millions d'habitants. Le tableau suivant résume les
évaluations données par plusieurs géographes ou sta-
tisticiens :

POPULATION DU GLOBE.

Époques.	Autorités.	Nombre d'habitants.
1804.	Malte-Brun	625,000,000
1828.	Balbi.	737,100,000
1843.	Berghaus.	1,272,000,000
1853.	De Reden	1,135,488,000
1858.	Dieterici.	1,283,000,000
1859.	Omalius d'Halloy.	1,000,000,000
1860.	Kolb.	1,250,000,000
1860.	Boudin	1,200,000,000

On voit combien la grande majorité des auteurs se
rapproche du chiffre de 1200 millions. C'est celui que
nous adopterons comme paraissant le plus près de la
vérité.

En ce qui regarde chacune des parties du globe en
particulier, voici les évaluations des mêmes auteurs (1) :

---

(1) Pour les auteurs allemands, les chiffres de la dernière colonne
s'appliquent, non à l'Océanie entière, mais seulement à l'Australie.

Tableau synoptique de la population des cinq parties du monde.

DATES.	AUTORITÉS.	EUROPE.	ASIE.	AFRIQUE.	AMÉRIQUE.	OCÉANIE.
1804.	Malte-Brun. . . .	170,000,000	320,000,000	70,000,000	45,000,000	20,000,000
1843.	Berghaus.	296,000,000	652,000,000	275,000,000	47,000,000	2,000,000
1847.	Balbi.	227,000,000	60,000,000	390,000,000	39,000,000	20,000,000
1853.	De Reden	266,543,000	763,000,000	46,000,000	56,000,000	3,945,000
1858.	Dieterici.	272,000,000	750,000,000	200,000,000	59,000,000	2,000,000
1859.	Omalius d'Halloy.	260,200,000	594,000,000	70,000,000	64,000,000	2,800,000
1860.	Kolb.	273,000,000	800,000.000	100,000,000	71,000,000	2,000,000
1860.	Boudin.	277,000,000	735,000,000	85,000,000	73,000,000	30,000,000

Arrêtons un instant notre attention à l'examen des divers éléments du tableau qui précède. Et d'abord, en ce qui regarde l'Europe, les recensements des divers États donnent, en 1860, un total de 277 millions, d'où il résulte que le chiffre de Malte-Brun était probablement de plus de 100 millions et celui de Balbi de 40 millions au-dessous de la réalité, tandis que Berghaus a exagéré la population de l'Europe de 20 millions en la portant à 296 millions.

Quant à l'Asie, si l'on considère que le seul recensement de la Chine indique 414,696,294 habitants en 1859, et que la population de l'Inde et de l'Indo-Chine s'élève à 220 millions, d'après des documents qui sont loin de manquer d'une certaine autorité, on peut admettre que l'ensemble de la population de l'Asie se rapproche beaucoup de 735 millions (1), évaluation que nous avons adoptée en chiffres ronds. Il résulterait de là que l'estimation de Malte-Brun ne donnerait guère que les deux cinquièmes de la population probable de l'Asie, et que le chiffre de Balbi n'en donnerait même que le treizième.

En ce qui concerne l'Afrique, Balbi semble avoir voulu prendre sa revanche en portant la population de ce continent à 390 millions d'habitants, qui est probablement trois à quatre fois plus fort que le chiffre réel. Par contre, M. de Reden a adopté 46 millions d'habitants, chiffre que nous croyons d'environ cent pour cent au-dessous de la réalité. Nous avons admis le chiffre de 85 millions, qui se rapproche de celui de M. Kolb.

---

(1) Ce chiffre de 735 millions d'habitants ne donne pour l'Asie que 15,9 habitants par kilomètre carré, tandis que l'Europe en compte 27,2 pour la même superficie. Voir page 56.

Pour l'Amérique nous avons, comme pour l'Europe, des recensements qui peuvent nous servir de guides, et il y a lieu de considérer le chiffre de 73 millions d'habitants comme exprimant très-approximativement la vérité. C'est dire que le chiffre de Balbi ne donne guère que les quatre septièmes de la population réelle de l'Amérique.

Enfin, la population de l'Australie a été évaluée par presque tous les auteurs allemands à 2 ou 3 millions d'habitants, mais cette évaluation nous paraît fort au-dessus de la vérité. On peut considérer 30 millions comme représentant approximativement le nombre des habitants de l'Océanie.

D'après les faits et les considérations qui précèdent, nous proposons les chiffres suivants pour la population de chacune des cinq parties du globe :

Europe.	277,000,000
Asie.	735,000,000
Afrique.	85,000,000
Amérique.	73,000,000
Océanie.	30,000,000
	1,200,000,000

En admettant pour le globe entier une population totale de 1,200 millions d'habitants, et une proportion annuelle moyenne de 31 naissances, et de 30,4 décès pour 1000 habitants, on trouve les naissances et les décès ainsi répartis :

Par an.	37,200,000	naissances et	36,500,000 décès.
Par jour.	101,917	—	100,000 —
Par heure.	4,246	—	4,166 —
Par minute.	70	—	69 —
Par seconde.	1,2	—	1,1 —

Population du globe selon les races. Si l'on examine la population du globe au point de vue des races, on trouve les résultats approximatifs ci-après :

Race blanche	400,000,000
Race jaune	450,000,000
Race brune	250,000,000
Race américaine (rouge)	10,000,000
Race noire	70,000,000
Hybrides	20,000,000
	1,200,000,000

On voit que la race américaine est de beaucoup la moins nombreuse. Après elle vient la race noire ; la race blanche est cinq à six fois plus nombreuse que cette dernière ; la race jaune est la plus nombreuse de toutes.

Population du globe au point de vue des cultes. La population du globe peut être considérée comme se divisant, au point de vue des cultes, ainsi qu'il suit :

Christianisme	350,000,000
Judaïsme	4,400,000
Islamisme	70,000,000
Brahmisme	180,000,000
Bouddhisme	500,000,000
Autres cultes	95,600,000
	1,200,000,000

On peut admettre que les 350 millions de chrétiens se divisent ainsi :

Catholiques	180,000,000
Grecs	75,000,000
Autres sectes	95,000,000
	350,000,000

CHAPITRE V.

DU NON-COSMOPOLITISME DE L'HOMME (1).

L'homme est-il cosmopolite, comme on l'a cru jusqu'ici, ou bien est-il lié, pour la conservation de son existence et la propagation de sa race, à certaines contrées plus ou moins semblables au pays de sa provenance? En d'autres termes, l'homme peut-il s'acclimater sur tous les points du globe, ou bien son acclimatement est-il circonscrit, limité, subordonné à certaines conditions de climat, de localité, de milieu? Le problème est certainement un des plus importants de la science anthropologique, car il domine la grande question de la colonisation, celle du recrutement des hommes destinés à des expéditions lointaines, enfin celle de la fixation de la durée réglementaire du séjour des troupes la plus appropriée à la conservation de leur santé dans certaines stations, et du maintien d'un effectif en rapport avec les besoins de la guerre.

On reste stupéfait en voyant avec quelle légèreté cette grande question de l'acclimatement a été traitée jusqu'ici.

---

(1) Nous avons traité cette question avec les développements et avec toutes les preuves statistiques qu'elle comporte, dans le premier numéro du *Recueil des Mémoires de la Société d'Anthropologie* (Paris, 1860). Si notre thèse est en désaccord avec les opinions qui ont eu cours jusqu'ici, on peut dire qu'elle est la pleine et entière confirmation de la dernière partie du mot de saint Paul : Fecitque ex uno omne genus hominum inhabitare super universam faciem terræ, definiens statuta tempora, et *terminos habitationis eorum*. (Actes, XVII, 26.)

2.

« Une ferme résolution, dit Malte-Brun, de ne point se laisser vaincre par une maladie est, de l'avis de tous les médecins, un des remèdes les plus efficaces pour se roidir contre l'influence d'un climat nouveau. Notre corps n'attend que les ordres de l'intelligence.... Sous chaque climat, les nerfs, les muscles, les vaisseaux, en se relâchant ou se tendant, en se dilatant ou se resserrant, prennent bientôt l'état habituel qui convient au degré de chaleur ou de froid que le corps éprouve. » (*Géographie universelle*, 5ᵉ édition, Paris, 1853, t. I, p. 560.) Ainsi, pour le célèbre géographe, l'homme n'a qu'à *vouloir* pour plier son organisme à toutes les difficultés d'un nouveau milieu, d'un nouveau climat.

Un des médecins les plus éminents du dernier siècle, John Hunter, n'a pas échappé complètement à ce genre d'illusion. On lit en effet, à la page 328 du t. 1ᵉʳ de ses œuvres (traduction française par Richelot), le passage suivant : « Jusque-là je m'étais imaginé qu'il serait possible de prolonger indéfiniment la vie en plaçant un homme dans un climat très-froid. Je m'appuyais sur cette considération que toute action et que par conséquent toute déperdition de substance seraient suspendues jusqu'à ce que le corps fût dégelé. Je pensais que si un homme voulait consacrer les dix dernières années de sa vie à cette espèce d'alternative de repos et d'action, on pourrait prolonger sa vie jusqu'à un millier d'années, et qu'en se faisant dégeler tous les cent ans, il pourrait connaître tout ce qui se serait passé pendant son état de congélation. Comme tous les faiseurs de projets, je m'attendais à faire fortune avec celui-là ; mais cette expérience me désabusa. »

Par contre, Boerhaave soutenait « qu'aucun animal

pourvu de poumons ne peut vivre dans une atmosphère
dont la température est égale à celle de son sang. »
D'où il résulterait que l'homme périrait infailliblement
sous une température de 38° à 39° centigrades. Enfin
Cassini pensait qu'aucun animal ne peut vivre au delà
de 4767 mètres au-dessus du niveau de la mer, tandis
que l'observation démontre que l'homme *habite* des lieux
situés à près de 4800 mètres.

La vérité est que l'homme n'est ni aussi *pliable*,
comme disait Pascal, ni aussi fragile qu'il a plu aux
théories de l'imaginer.

En faveur de l'hypothèse du cosmopolitisme de
l'homme, on a cru pouvoir invoquer l'acclimatement
d'un certain nombre de plantes et d'animaux. Mais
d'abord aucune raison ne permettrait de conclure du
cosmopolitisme démontré d'une plante ou d'un animal
au cosmopolitisme de l'homme ; en second lieu, on s'est
singulièrement exagéré la facilité d'acclimatement des
plantes et des animaux. Ainsi, pour être acclimaté, un
végétal a besoin de se reproduire spontanément, c'est-à-
dire sans le secours de l'homme. Or, on sait que,
même dans nos climats, abandonnées à elles-mêmes,
les céréales ne se reproduisent pas, mais disparaissent ;
les fruits à couteau deviennent acerbes ; la vigne dégé-
nère. Tous les vingt ans, les oliviers de la Provence et
les orangers de la Ligurie meurent de froid. En Europe,
l'orge et l'avoine ne peuvent être cultivées au delà d'une
ligne qui s'étend en certains points jusqu'au 70° latitude
nord, et qui descend en Écosse jusqu'au 57° et même
jusqu'au 52° en Irlande. La culture du riz ne dépasse
guère le 40° au nord, et s'arrête même au 30° au Brésil.
En ce qui concerne les animaux, leur acclimatement est

soumis à des difficultés bien plus grandes que celui des
plantes ; aussi sur les cent quarante mille espèces qui,
selon les estimations les plus récentes, composent le
règne animal, quarante seulement sont aujourd'hui au
pouvoir de l'homme.

Il y a près de deux mille ans, Vitruve disait : « Quæ
» a frigidis regionibus corpora traducuntur in calidas,
» non possunt durare, sed dissolvuntur ; quæ autem ex
» calidis locis sub septentrionum regiones frigidas, non
» modo non laborant immutatione loci valetudinibus,
» sed etiam confirmantur. » Ainsi, selon le grand archi-
tecte romain, les migrations du nord au sud ne résistent
pas, mais disparaissent (*dissolvuntur*), tandis que les
migrations en sens opposé ont un plein succès (*confirmantur*). Il faut convenir qu'au moins en ce qui regarde
les races européennes, les faits modernes tendent à con-
firmer l'opinion de Vitruve. En effet, jusqu'ici l'Européen n'a pas réussi à implanter sa race dans le nord de
l'Afrique, et moins encore dans les régions tropicales.
Jamais les mamelouks n'ont pu se recruter en Égypte
autrement que par l'achat d'esclaves circassiens. Leurs
enfants succombaient. Méhémet-Ali a eu, dit-on, quatre-
vingt-quatorze enfants ; au moment de sa mort, trois
seulement avaient survécu.

Aux Antilles, on trouve à peine la troisième généra-
tion d'une famille européenne, et selon M. Ramon de la
Sagra, la population blanche de la Havane ne s'entre-
tient que par un croisement incessant avec de nouveaux
immigrants. Jusqu'ici les importations aux Antilles de
Chinois, de Coulis et de Madériens ont donné de déplo-
rables résultats. On peut en dire autant de l'Inde anglaise, de Java et des Philippines, et pourtant, là encore,

ce n'est pas l'Européen qui cultive le sol. Le gouvernement anglais n'a rien négligé pour encourager les mariages de ses soldats dans l'Inde avec des femmes anglaises. En dépit de tous ces efforts, jamais un régiment anglais, dit le major Bagnold, n'est parvenu à élever assez d'enfants *pour maintenir au complet ses tambours et ses fifres.*

En 1840, le gouvernement anglais tentait une expédition dans le Niger. Les équipages des trois bateaux à vapeur se composaient de 158 nègres presque tous nés en Amérique, et de 145 blancs choisis parmi les meilleurs matelots ayant déjà fait leurs preuves dans les pays chauds. Trois semaines après avoir pénétré dans le Niger, 130 de ces derniers étaient gravement malades et 40 ne tardèrent pas à succomber. Parmi les nègres, au contraire, on ne compta pas un seul décès.

En présence des faits qui précèdent et qui sembleraient dénoter la presque incompatibilité de l'Européen avec les pays chauds de l'hémisphère nord, il est digne de remarque que les choses se comportent tout autrement, à latitude égale, dans un grand nombre de localités de l'hémisphère sud. Ainsi, les colonies anglaises de la Nouvelle-Zélande et d'une partie de l'Australie jouissent d'une telle salubrité, que la mortalité de la population civile européenne et de l'armée y est de beaucoup inférieure à celle de l'Angleterre. On peut en dire autant non-seulement des colonies espagnoles de l'Amérique du Sud, telles que Montevideo et Buenos-Ayres, mais encore des colonies hollandaises du cap de Bonne-Espérance et de Port-Natal. A Taïti, située à la fois sous le 18° de latitude sud et sous l'équateur thermal (voir notre carte physique du globe), la mortalité de la garnison française, pendant plusieurs années, n'a pas dépassé en moyenne dix décès sur mille hommes, alors qu'elle est en France de vingt sur mille. Nous citerons encore les descendants non croisés des premiers colons de l'île de Bourbon, connus sous le nom de *petits blancs*.

Les migrations des Européens du sud au nord ont été plus heureuses. Ainsi, la population française du Canada s'est décuplée depuis un siècle. On sait d'ailleurs que dans la campagne de Russie, en 1812, ce furent les Italiens, les Espagnols, les Portugais, les Français du Midi et même les créoles qui résistèrent le mieux au froid, et que les Allemands, les Hollandais et les Russes succombèrent dans une énorme proportion.

L'observation constate des faits parfaitement semblables dans le règne animal. Ainsi, dans nos ménageries, les animaux des contrées chaudes résistent mieux à l'action de notre climat que ceux des contrées très-froides, la comparaison étant bien établie, bien entendu, entre espèces analogues. On conserve plus difficilement à Paris l'ours blanc polaire que les petits ours de l'Inde, l'isatis que le renard d'Alger et le chacal, le renne que les cerfs de l'Amérique méridionale, et surtout de l'Inde. On sait que les chevaux anglais ont péri en Crimée beaucoup plus rapidement que les chevaux français. « Les chevaux anglais, écrivait-on de Crimée, fondent en campagne comme la neige au soleil. » A la même époque, les petits chevaux d'Afrique supportaient admirablement les rigueurs de l'hiver, les privations et la fatigue, sans autre abri qu'une simple couverture.

Parmi les végétaux (1), le froment et le sarrasin vien-

---

(1) Voir le discours prononcé par M. Drouyn de l'Huys à la séance publique de la Société d'acclimatation de 1859.

nent de l'Asie; le riz, de l'Éthiopie; le concombre, d'Espagne; l'artichaut, de la Sicile et de l'Andalousie; le cerfeuil, de l'Italie; le cresson, de Crète; la laitue, de Coos; le chou vert, le chou rouge, l'oignon et le persil, de l'Égypte; le chou-fleur, de Chypre; l'épinard, de l'Asie Mineure; l'asperge, de l'Asie; la citrouille, d'Astracan; l'échalote, d'Ascalon; le haricot, de l'Inde; le raifort, de la Chine; le melon, de l'Orient et de l'Afrique; l'Amérique nous a fourni la pomme de terre et le topinambour. Parmi les fruits, nous devons l'aveline, la grenade, la noix, le coing et le raisin, à l'Asie; l'abricot, à l'Arménie; le citron, à la Médie; la pêche et le lilas, à la Perse; l'orange, à l'Inde; la figue, à la Mésopotamie; la noisette et la cerise, au Pont; la châtaigne, à la Lydie; la prune, à la Syrie; les amandes, à la Mauritanie, et les olives, à la Grèce. Parmi les plantes qui servent à divers usages, citons encore le café, de l'Arabie; le thé, de la Chine; le cacao, du Mexique; le tabac, du Nouveau Monde; l'anis, d'Égypte; le fenouil, des Canaries; le girofle, des Moluques; le ricin, de l'Inde, etc. Parmi les arbres, le marronnier vient de l'Inde; le laurier, de la Crète; le sureau, de la Perse, etc. Parmi les fleurs, le narcisse et l'œillet viennent de l'Italie; le lis, de la Syrie; la tulipe, de la Cappadoce; le jasmin, de l'Inde; la reine-marguerite, de la Chine; la capucine, du Pérou; le dahlia, du Mexique. En résumé, c'est du sud et non du nord que nous tenons la grande majorité de nos végétaux exotiques.

Race nègre. Mais ce bénéfice, en faveur des migrations du sud au nord, est-il général à toutes les races? Il est permis d'en douter si l'on considère qu'un régiment nègre, placé en garnison à Gibraltar, en 1817, y fut presque totalement détruit par la phthisie pulmonaire dans la courte période de quinze mois. On sait d'ailleurs que la race nègre ne se maintient en Algérie et même en Égypte que par des immigrations incessantes.

Au reste, ce n'est pas seulement dans ses migrations vers les pôles que nous constatons le dépérissement croissant de la race nègre; les déplacements à l'ouest et à l'est du continent africain sont loin de présenter constamment de brillants résultats, même dans la zone tropicale.

Il était permis de croire que les nègres, transportés aux Antilles, s'y trouveraient dans d'excellentes conditions pour la propagation de leur race. Cependant, dès l'origine de la traite, on constata un excédant des décès sur les naissances. Les choses n'ont guère changé depuis lors, si nous en croyons le colonel Tulloch, qui assurait, il y a quelques années, que les Antilles anglaises donnent toutes, à la seule exception de la Barbade, un excédant prononcé de décès sur les naissances.

A Maurice, on a compté, sur une population nègre de 60,000 individus, un excédant de 6,000 décès sur les naissances, pendant une période de cinq années. D'autre part, la mortalité annuelle moyenne des troupes nègres en garnison dans cette île s'est élevée, de 1825 à 1836, à 37,2 décès sur 1,000 hommes, chiffre très-élevé si l'on considère que la mortalité des troupes européennes en Europe atteint à peine 20 décès sur 1,000. Ajoutons que les troupes anglaises en garnison à Maurice n'ont perdu, pendant la même période, que 27,4 sur 1,000.

Dans l'île de Ceylan, on ne trouvait en 1841 aucune trace des 9,000 nègres qui y avaient été importés par le gouvernement hollandais, avant la domination anglaise. Sur les 4,000 à 5,000 nègres importés par les Anglais depuis 1803, il n'en restait à la même époque que 200 à 300, bien qu'on eût pris tous les soins pour perpétuer leur race par l'importation d'un nombre convenable de femmes.

Il est digne de remarque que la population nègre, dont la perpétuation semble rencontrer de si grandes difficultés dans les îles du golfe du Mexique, réussit en revanche parfaitement dans une contrée continentale voisine, bien que située hors des tropiques : nous voulons parler des provinces du Sud des États-Unis d'Amérique. En effet, bien que le nombre des nègres importés aux États-Unis depuis le commencement de la traite n'ait pas dépassé 700,000, leur chiffre est aujourd'hui d'environ quatre millions. Hâtons-nous de dire toutefois que l'acclimatement *complet* du nègre n'existe que dans la portion la plus méridionale des États-Unis, et qu'en progressant vers le nord, il devient fou dans une énorme proportion. Ainsi, on compte 1 aliéné sur 4,310 nègres dans la Louisiane ; sur 2,477 dans la Caroline du Sud ; sur 1,299 dans la Virginie ; sur 43 dans le Massachussets ; enfin 1 aliéné sur 14 nègres dans le Maine.

Race juive. Une seule race semble avoir résolu jusqu'ici le problème de l'ubiquité ; une seule se montre véritablement cosmopolite, et cette race est la race juive. Le juif occupe aujourd'hui toutes les parties du monde. On le trouve en Europe, depuis Gibraltar jusqu'en Norvége ; en Afrique, depuis Alger jusqu'au cap de Bonne-Espérance ; en Asie, depuis Cochin jusqu'au Caucase, et depuis Jaffa jusqu'à Péking ; en Amérique, depuis Montevideo jusqu'à Québec. Depuis cinquante ans, il a envahi l'Australie. Non-seulement il s'est acclimaté sous les tropiques, mais encore il a habité pendant une longue série de siècles le seul pays du globe situé à 400 mètres *au-dessous* du niveau de la mer : nous voulons parler de la vallée du Jourdain (1).

On compte aujourd'hui environ 4,400,000 juifs, ainsi répartis :

Europe.	3,600,000
Asie	300,000
Afrique.	450,000
Amérique.	48,000
Australie.	2,000

Sur ce nombre, on en trouve environ 400 au Canada, 40,000 aux États-Unis d'Amérique, 2,500 aux Antilles et à la Guyane, 400,000 dans le nord de l'Afrique, 170 au cap de Bonne-Espérance, 200,000 en Perse et dans la Turquie d'Asie, 100,000 dans le Turkestan, 1200 à Bombay, 307 à Calcutta, etc. (2).

La population juive de la Palestine, d'après M. Schultz, consul de Prusse à Jérusalem, se répartit ainsi qu'il suit :

A Jérusalem	7,120
A Hébron.	400
A Sapheth.	400
A Tibériade.	300
A Naplouse.	150
A Schavram.	75
	8,445

On a souvent parlé d'une secte habitant Cochin et désignée sous la dénomination de *juifs blancs* et de

(1) *Carte physique et météorologique du globe.* 3ᵉ édition.
(2) *Traité de géogr. et de statist. médic.*, t. II, p. 131 à 137.

juifs nègres. Mossch de Paiva, juif portugais d'Amsterdam, qui visita Cochin en 1686, a publié après son
retour en Europe un petit livre, devenu très-rare, dans
lequel on trouve les détails suivants : « L'an 4130 de
la création du monde, après la destruction du second
temple par Titus, 70 à 80,000 juifs pénétrèrent jusqu'à la côte de Malabar, où le roi Cheram-Ibérimal
leur donna la ville de Cranganor, qu'ils furent plus
tard obligés de quitter pour se réfugier à Cochin....
Quoique le climat de Cochin les ait basanés au point
de les rendre presque mulâtres, ils se croiraient désho-
norés s'ils priaient, mangeaient ou s'alliaient avec les
juifs nègres ou malabres, qui descendent d'esclaves au
service des juifs de Cranganor. » Les juifs nègres,
d'après Paiva, étaient au nombre de 465.

En Europe, la population juive est répartie de la
manière suivante :

États.	Années.	Habitants.
France (1)	1851	73,975
Grande-Bretagne (2)	1860	40,000
Suède (2).	1860	1,000
Norvége (3).	1860	150
Danemarck (1).	1859	8,263
Russie (empire de) (2). . . .	1860	1,500,000
Hollande (2).	1859	64,000
Belgique (1).	1846	1,336
Allemagne (Confédération) (2).	1860	454,000
Autriche (empire) (2).	1857	1,040,570

(1) Recensement officiel.
(2) Kolb, *Handbuch der vergleichenden Statistik.* Leipzig, 1860.
(3) De Reden, *Deutschland und das übrige Europa.* Berlin, 1854,
p. 28.

Prusse (1)...........	1858	242,416
Suisse (1)...........	1850	3,146
Espagne (2).........	1835	1,272
Portugal (3).........	1854	1,200
Italie (4)......-.....	1858	41,044
Turquie d'Europe (4)....	1860	70,000
Grèce (4)...........	1860	500
Îles Ioniennes (3)......	1854	18,000

Dans plusieurs pays où l'on a pu étudier le juif comparativement avec les autres peuples au milieu desquels il vit, on a constamment trouvé une différence plus ou moins prononcée dans la proportion des mariages, des naissances et des décès, dans celle du sexe des naissances, enfin dans le degré de prédisposition pour diverses maladies dont quelques-unes constituent l'apanage presque exclusif de la race juive, tandis que d'autres semblent l'épargner complétement.

Ainsi on a compté, en Prusse, les nombres ci-après d'habitants pour un mariage :

	Protestants.	Catholiques.	Juifs.
1831	129	136	155
1834	102	103	129
1837	110	109	142
1840	112	113	127
1843	107	113	123
1846	112	122	134
1849	107	.111	174

---

(1) Recensement officiel.

(2) Les juifs ne sont pas tolérés en Espagne ; le chiffre de 1272 se rapporte à la seule ville de Gibraltar.

(3) De Reden, *Deutschland und das übrige Europa*. Berlin, 1854, p. 28.

(4) Kolb, *Handbuch der vergleichenden Statistik*. Leipzig, 1860.

Dans le même pays, et dans une période de dix-neuf années, de 1822 à 1840, on a compté respectivement sur 100,000 habitants :

Dans la population prussienne. . . . 2961 décès.
Dans la population juive. . . . . . . 2161 —

Considérée aux divers âges, cette mortalité se répartit ainsi sur 100,000 habitants de chaque race :

	Prussiens.	Juifs.
Mort-nés.	145	89
Avant l'accomplissement de la 1re année.	697	459
De 1 à 5 ans.	477	386
De 5 à 14 ans.	202	151
De 14 ans à 25 ans.	155	123
De 25 à 45 ans.	334	231
De 45 à 70 ans.	614	392
De 70 et au delà.	339	330
	2961	2161

Sur 100,000 enfants, on a compté en Prusse, pendant la même période :

	Prussiens.	Juifs.
Mort-nés	3,659	2,524
Morts dans la première année.	17,413	12,935

En Algérie, la mortalité est représentée par les chiffres officiels suivants :

Nombre des décès sur 1000 *habitants.*

	Européens.	Juifs.
1844	44,6	21,6
1845.	45,5	36,1
1847.	50,0	31,5
1848.	42,5	23,4
1849.	105,9	56,9

La différence, déjà très-prononcée, serait plus sensible encore si la population européenne possédait, comme la population juive, une proportion normale de vieillards et d'enfants, et si les fréquentes rentrées en Europe ne venaient pas diminuer la mortalité des Européens.

A Francfort-sur-Mein, les décès selon les âges se répartissent ainsi :

Proportion sur 100 décès.

Age.			Population chrétienne.	Population juive.
De	1 à	4 ans.	24,1	12,9
	5 à	9	2,3	0,4
	10 à	14	1,1	1,5
	15 à	19	3,4	3,0
	20 à	24	6,2	4,2
	25 à	29	6,2	4,6
	30 à	34	4,8	3,4
	35 à	39	5,8	6,1
	40 à	44	5,4	4,6
	45 à	49	5,6	5,3
	50 à	54	4,6	3,8
	55 à	59	5,7	6,1
	60 à	64	5,4	9,5
	65 à	69	6,0	2,7
	70 à	74	5,4	11,4
	75 à	79	4,3	9,1
	80 à	84	2,6	5,0
	85 à	89	0,9	1,5
	90 à	94	0,16	0,4
	95 à	100	0,04	»
			100,00	100,00

On trouve dans la même ville que :

	Parmi les chrétiens.		Parmi les juifs.	
Le quart des décès s'est effectué à	6 ans 11 mois,		à 28 ans 3 mois.	
La moitié des décès.	36	6	53	1
Les trois quarts des décès.	59	10	71	0

L'accroissement de la population juive est à celui de la population française en France :

En Hollande, comme. . . . . 2 à 1
En Prusse et dans la Bavière rhénane, comme. 3 à 1
En Suisse, comme. . . . . 4 à 1
En Algérie, comme. . . . . 7 à 1

D'après M. Hallez, on comptait en France (1) :

En 1808. . . . . 46,663 juifs.
En 1845. . . . . 60,000 —

Or, d'après le recensement de 1851, la population juive de la France s'élevait à 73,975 individus. Si les chiffres de M. Hallez sont exacts, la population juive aurait donc presque doublé depuis 1808, tandis que la population française, qui, d'après le recensement de 1806, était de 29,107,425 habitants, n'en comptait en 1851 pas même 36 millions.

Conclusions. De l'ensemble des faits qui précèdent, nous croyons pouvoir déduire les conclusions générales suivantes :

1º Il n'est nullement prouvé que les diverses races humaines soient cosmopolites, comme on l'avait cru jusqu'ici, et un grand nombre de faits tendent même à établir le contraire.

2º Il n'est pas démontré que l'Européen, *à l'état*

(1) *Des juifs en France*, Paris, 1834, in-8º, p. 241.

d'agriculteur, puisse se perpétuer dans les pays chauds de l'hémisphère nord.

3° L'acclimatement de l'Européen semble s'effectuer avec beaucoup moins de difficulté dans un très-grand nombre de localités situées dans les régions chaudes et même tropicales de l'hémisphère sud.

4° L'Européen supporte beaucoup mieux les migrations dans les pays froids que les migrations dans les pays chauds.

5° La race nègre paraît ne pas s'acclimater dans le midi de l'Europe, ni même dans le nord de l'Afrique, où elle ne se maintient que par des immigrations incessantes.

6° Il n'est pas démontré que la race nègre puisse se perpétuer dans les Antilles anglaises et françaises, ni à Bourbon, à Maurice et dans l'île de Ceylan, bien que ces îles soient situées entre les tropiques.

7° La race nègre paraît s'acclimater dans les provinces du Sud des États-Unis d'Amérique.

8° Dans les provinces du Nord des États-Unis d'Amérique, la race nègre dépérit, en même temps qu'elle y fournit un énorme tribut à l'aliénation mentale.

9° La race juive s'acclimate et se perpétue dans tous les pays.

10° La race juive obéit à des lois de naissance, de maladies et de mortalité, complétement différentes de celles auxquelles sont soumises les autres populations au milieu desquelles elle vit.

CHAPITRE VI.

OBJET DE LA GÉOGRAPHIE. — CE QU'ON ENTEND PAR GÉO-
GRAPHIE PHYSIQUE ET PAR GÉOGRAPHIE POLITIQUE. —
DÉFINITION DES PRINCIPAUX TERMES.

La géographie a pour objet la description de la terre.
Cette science se divise en deux branches principales :
la *géographie physique,* qui traite de la description et
de la configuration du sol, des mers, des fleuves, des
divisions naturelles du globe, de ses productions, de
ses climats, des phénomènes météorologiques, etc. La
géographie politique, qui s'occupe de ce qui concerne
les hommes, leurs mœurs, leurs usages, les relations
commerciales des peuples, les divisions que les hommes
ont établies sur le globe, les villes qu'ils y ont fondées.

A la géographie physique se rattache la *géographie
cosmographique,* qui a pour objet les rapports de la
terre avec le reste de l'univers. La géographie physique
comprend l'*orographie* ou description des montagnes,
et l'*hydrographie* ou description des fleuves et des
mers.

On entend par *continent* une vaste étendue de terre
entourée d'eau de tous côtés. L'*île* est plus petite que
le continent, l'*îlot* plus petit que l'île. Une réunion d'îles
forme un *archipel* ou un *groupe.*

Le terme générique de *pays, contrée, région,* s'applique à toute partie de la terre considérée isolément.

Un pays élevé, entouré lui-même de hauteurs, forme

3

un *plateau*. La surface d'un pays, lorsqu'elle est plate ou légèrement ondulée, s'appelle *plaine*.

Le sol de la terre présente des inégalités. Ses éminences les plus petites s'appellent *tertre, butte, monticule;* plus élevées, ce sont des *coteaux*, des *collines* ou des *mornes;* lorsqu'elles constituent une grande masse fort élevée, on les désigne sous le nom de *mont* ou de *montagne*. Le point où la montagne se sépare de la plaine forme sa base ou son *pied;* l'opposé du pied est la *cime* ou le *sommet*, désigné quelquefois sous le nom de *pic*, de *puy* ou de *piton*, s'il est conique; de *ballon*, s'il a la forme d'un dôme; d'*aiguille*, de *corne*, de *brèche* ou de *dent*, s'il est élancé; de *cylindre*, s'il a la forme cylindrique. Plusieurs montagnes réunies à leur base et suivant une direction forment une *chaîne;* le sommet de la chaîne s'appelle *crête* ou *faîte*. Les montagnes qui se rattachent à la chaîne principale forment ses *rameaux* ou ses *branches*. Plusieurs chaînes de montagnes réunies constituent un *système* de montagnes; le point de réunion s'appelle *nœud*. La partie d'une montagne ou d'une chaîne comprise entre le pied et le sommet ou le faîte reçoit le nom de *pentes, flancs* ou *versants*.

L'intersection de deux versants est ce qu'on appelle la *ligne de partage des eaux*.

Les dépressions de terrain formant des enfoncements étroits qui permettent de communiquer entre deux montagnes reçoivent les noms de *défilé, col, gorge, pas, portes, ports, piles*.

On donne le nom de *vallée* aux espaces de terre compris entre deux montagnes et qui suivent la direction de leur base.

Les neiges éternelles qui couronnent le sommet des

montagnes et descendent quelquefois dans les vallées s'appellent *glaciers*.

Les *volcans* sont des montagnes qui vomissent, par un orifice appelé *cratère*, des laves, des flammes, des gaz, des cendres, de la fumée, de l'eau ou de la boue.

Les grandes solitudes incultes, arides le plus souvent et inhabitées, sont désignées sous le nom de *désert*. Mais, selon leur aspect et leur étendue, elles reçoivent une dénomination particulière ; on les appelle *landes* ou *bruyères* en France, *arendal* dans une partie de l'Espagne, *Heiden* dans le nord de l'Allemagne, *steppes* en Russie, *toundras* en Sibérie, *llanos, savanes* ou *pampas* en Amérique. Les déserts renferment parfois des espaces fertiles appelés *oasis*.

Une terre entourée d'eau de tous côtés, sauf d'un seul, s'appelle *presqu'île*, si l'*isthme* qui la réunit à une autre terre est étroit ; la presqu'île prend généralement le nom de *péninsule*, si l'isthme a une largeur considérable.

On entend par *côte* la partie des terres, îles ou continents, que baigne la mer. On l'appelle *falaise*, si elle est haute et escarpée ; *plage* ou *grève*, si elle est basse et descend insensiblement dans la mer ; *dune*, si elle présente des élévations sablonneuses.

Toute côte qui s'avance dans la mer forme un *cap* ou *promontoire*, ou une *pointe*. La pointe est plus petite que le cap.

Le grand amas d'eau salée qui entoure le globe a reçu le nom d'*Océan*. La *mer* est une portion de l'Océan ; on lui donne le nom de *méditerranée* ou mer intérieure, lorsqu'elle pénètre fort avant dans les terres ou qu'elle en est entièrement entourée.

Les amas d'eau douce ou salée renfermés dans les terres s'appellent *lacs*. Les *étangs* et les *marais* sont plus petits que les lacs. Les *lagunes* sont des espèces de lacs situés sur le bord des mers et communiquant avec elles par l'écoulement des fleuves.

Les enfoncements que présentent les côtes reçoivent le nom de *golfes*, s'ils sont considérables; de *baies*, d'*anses*, de *criques*, de *havres*, de *ports*, s'ils le sont moins. On entend aussi par *port* un bassin creusé par la main des hommes pour recevoir des navires. La *rade* est une petite baie où les vaisseaux s'abritent contre les vents.

Le nom de *détroit, manche, bouches, pertuis, pas, canal, phare,* s'applique à toute portion de mer resserrée entre deux terres, et qui met en communication deux mers ou deux portions de mer. *Canal* se dit aussi des rivières factices creusées par la main des hommes pour les besoins du commerce ou de l'agriculture, ou pour l'assainissement d'une contrée en facilitant l'écoulement des eaux.

Les rochers situés à fleur d'eau dans les mers sont appelés *écueils, récifs, brisants, bas-fonds*. Les *bancs de sable,* espaces sablonneux quelquefois fort étendus, constituent un autre genre d'écueil.

On donne le nom de *courants* au déplacement des eaux des mers, et le nom de *marée* à l'élévation et l'abaissement alternatifs des eaux des mers produits chaque jour par l'attraction du soleil et de la lune. La marée montante s'appelle *flot* ou *flux ;* la marée descendante, *reflux* ou *jusant.*

Les terres qui versent leurs eaux dans une même mer constituent le *bassin* de cette mer.

Les cours d'eau qui arrosent le globe sortent de terre

à un point qu'on nomme *source ;* ceux qui se jettent
dans l'Océan ou dans une mer s'appellent *fleuves ;* la
rivière est un grand cours d'eau qui tombe dans un
fleuve ou dans une autre rivière. Le *ruisseau* est bien
moins important que la rivière. Les cours d'eau rapides
causés momentanément par la fonte des neiges ou par
de grandes pluies sont nommés *torrents.*

Le point où deux cours d'eau se rencontrent est leur
confluent, et l'on dit de celui qui se jette dans l'autre
qu'il est son *affluent.*

L'*embouchure* est le point où un fleuve se jette dans
la mer ; on la désigne plus particulièrement sous le
nom d'*estuaire,* si elle est longue et large. Lorsqu'un
fleuve a plusieurs embouchures, elles s'appellent *bouches,* et le pays compris entre la mer et les bouches
reçoit le nom de *delta.*

La *rive droite* et la *rive gauche* d'un cours d'eau se
disent du côté droit et du côté gauche pour celui qui
le descend.

Tout amas d'eau, tout cours d'eau occupent un espace
appelé *lit,* qui est compris entre les rives ou les côtes ;
la partie la plus profonde du lit d'un fleuve se nomme
Thalweg.

Un cours d'eau qui change brusquement de niveau
en tombant d'un plan supérieur sur un plan inférieur
produit une *cataracte,* ou une *chute,* ou une *cascade,*
ou un *rapide,* selon l'importance plus ou moins grande
du volume d'eau et de la hauteur de la chute.

On appelle *bassin d'un fleuve* l'ensemble des régions
dont les cours d'eau se déversent dans ce fleuve.

CHAPITRE VII.

DIVISION DE LA SURFACE DU GLOBE EN TERRES ET EN
EAUX. — FORME GÉNÉRALE DE L'ANCIEN ET DU NOUVEAU
CONTINENT.

L'eau recouvre près des trois quarts de la surface du
globe, et la superficie de la terre est à celle de l'élément
liquide, selon Rigaud, dans le rapport de 100 à 270 ;
selon d'autres auteurs, dans celui de 100 à 284. Mais
l'espace occupé par les terres est beaucoup plus considérable dans l'hémisphère N., tandis que dans l'hémisphère
S. ce sont les eaux qui occupent la plus grande surface.

Les îles, qui occupent dans l'hémisphère boréal trois
fois plus de surface que dans l'hémisphère austral,
égalent à peine la vingt-troisième partie des masses
continentales. L'hémisphère austral et l'hémisphère occidental, en comptant ce dernier du méridien de Ténériffe, sont essentiellement océaniques. L'ancien continent est dirigé en masse du S.-O. au S.-E. Le
continent occidental, au contraire, suit pour ainsi
dire un méridien. Tous deux sont coupés au N. dans
la direction du 70° parallèle et se terminent au S. en
pyramide avec des prolongements sous-marins. On
ignore si les pôles sont placés sur la terre ferme ou au
milieu d'un océan couvert de glace. L'Europe peut être
considérée comme la péninsule occidentale de la masse
compacte du continent asiatique ; elle est en effet, sous
le rapport du climat, à l'ensemble de l'ancien continent, ce qu'est la Bretagne au reste de la France, et la

forme articulée et richement accidentée a dû exercer une influence marquée sur sa civilisation.

La configuration des continents dans le sens vertical ne mérite pas moins d'attention que leur forme articulée et les découpures de leurs rivages. En divisant les pays en bassins, en vastes cirques, comme en Grèce et dans l'Asie Mineure, l'agroupement des montagnes, dit M. de Humboldt, individualise et diversifie le climat des plaines sous le rapport de la chaleur, de l'humidité, de la diaphanéité de l'air, de la fréquence des vents, et des orages ; circonstances qui influent sur la variété des productions et des cultures, sur les mœurs, les formes des institutions et les haines nationales. Ce caractère d'individualité géographique atteint, pour ainsi dire, son *maximum* là où les différences de configuration du sol dans le plan vertical et le plan horizontal, dans le relief et la sinuosité des contours (l'articulation de la surface plane) sont simultanément les plus grandes possibles (1).

L'ensemble des terres du globe se divise en trois grandes parties ou *continents,* qui sont l'*ancien continent,* le *nouveau continent* et le *continent austral* ou *Australie* ou *Nouvelle-Hollande.*

CHAPITRE VIII.

DIVISION DU MONDE EN CINQ PARTIES ; CE QUE LES ANCIENS EN CONNAISSAIENT.

Les continents se divisent en *cinq parties,* qu'on appelle les *cinq parties du monde,* savoir : l'*Europe,* l'*Asie,*

---

(1) *Traité de géographie et de statistique médicales,* t. I, p. 48.

l'*Afrique*, dans l'ancien continent ; — l'*Amérique*, dans le nouveau continent ; — l'*Océanie*.

L'Europe occupe le N.-O. de l'ancien continent. Elle est la plus petite des parties du monde et la plus civilisée.

L'Asie est située à l'E. de l'ancien continent, et l'Afrique au S.

L'Océanie se compose d'un nombre considérable d'îles et renferme l'*Australie* ou *Nouvelle-Hollande*.

Statistique des cinq parties du monde.

Parties du monde.	Superficie des terres en kil. carrés.	Superficie totale en kil. carrés.	Population absolue.	Population relative.
EUROPE.				
Continent. . .	9,030,000	10,150,000	277,000,000	27,2
Iles.	1,120,000			
ASIE.				
Continent. . .	45,000,000	46,000,000	735,000,000	15,9
Iles.	1,000,000			
AFRIQUE.				
Continent. . .	29,100,000	29,700,000	85,000,000	2,8
Iles.	600,000			
AMÉRIQUE.				
Septentrionale.	18,810,000			
Méridionale. .	17,665,000			
	36,475,000	39,275,000	73,000,000	1,7
Iles.	2,800,000			
OCÉANIE.		10,631,000	30,000,000	2,8
Totaux		135,756,000	1,200,000,000	8,8

Les anciens ne connaissaient qu'une partie de l'ancien continent. On pourrait la limiter par une ligne qui, en

Europe, renfermerait la partie méridionale de la Suède
et de la Russie, et irait en s'infléchissant en Asie jusqu'au golfe de Siam, que les anciens appelaient *grand
golfe,* comprendrait ce golfe et la presqu'île de Malacca
et, revenant vers l'Afrique, couperait cette partie du
monde au-dessous du cap Guardafui et remonterait de
là au S. du roy. de Maroc.

Les notions géographiques des Égyptiens, 19 siècles
avant Jésus-Christ, ne dépassaient pas au N. l'Archipel;
au S. les déserts voisins de l'Égypte et l'Arabie; à l'E.
la limite des régions qu'ils connurent est vague, elle
n'allait probablement pas jusqu'à l'Inde.

Pour les Grecs du temps d'Homère, la terre était un
disque qu'entourait le fleuve Océan. La Grèce occupait
le centre de ce disque et se trouvait bornée au N. par
la *Thrace,* au delà de laquelle habitaient les *Cimmériens,*
peuple plongé dans d'éternelles ténèbres, les *Macro-
biens,* ou hommes à longue vie, les *Gryphons,* gar-
diens des métaux précieux des monts Riphéens. Les
Grecs, à cette époque, n'avaient qu'une idée confuse
de l'Adriatique et du Midi de l'Italie; ils connaissaient
l'Égypte et la Libye; au S. de la Libye ils établissaient
la demeure des *Éthiopiens,* des *Pygmées,* des *Érembes;*
à l'E. le désert de Syrie formait la limite du monde.
Peu à peu les connaissances nouvelles reculèrent les
limites de la terre et avec elles les régions qu'étaient
censés habiter les peuples imaginaires qu'on plaçait sur
les confins extrêmes du globe. Ainsi Hérodote nomme
la Celtique ou Gaule les îles d'Albion et de Cassité-
rides (les Sorlingues). Cet historien ne paraissait connaître de l'Afrique que l'Égypte et Tripoli, et pourtant
il assure que sous le roi Néchao les Phéniciens firent le

3.

tour de l'Afrique. Les conquêtes d'Alexandre étendirent
les connaissances géographiques dans l'Orient. Par
ordre de ce prince, l'Indus fut exploré : une flotte des-
cendit ce fleuve et côtoya l'Asie jusqu'au fond du golfe
Persique.

Environ 200 ans avant J. C., Ératosthène affirmait
que la terre était sphérique, et il la partageait en trois
divisions, l'*Europe,* l'*Asie* et la *Libye* ou *Afrique.* Hip-
parque, après lui, jeta les fondements de la géographie
astronomique ; il admettait pour les divisions du globe
le système d'Ératosthène ; il croyait à l'existence d'une
terre inconnue qui, unissant l'Asie et l'Afrique au S.,
faisait une mer intérieure de la mer *Érythrée* (océan
Indien). Vers le milieu du deuxième siècle après J. C.,
Ptolémée rectifia la plupart des erreurs de ses devan-
ciers. Il n'admettait qu'un continent et le divisait en
trois parties : l'*Europe,* l'*Asie* et l'*Afrique.* Ce continent
était limité au N. par la mer *Hyperboréenne* ou *Pares-*
seuse, mer toujours gelée, sur laquelle il n'était pas
prudent de s'aventurer; à l'O. par l'océan Atlantique,
au S. par l'océan Éthiopique. Quant à l'Orient, les
mêmes obscurités continuaient à régner sur ses limites
véritables.

En Europe les anciens appelaient *Scandinavie,* la
Suède; *Chersonèse Cimbrique,* le Danemarck ; *Albion,*
l'Angleterre; *Calédonie,* l'Écosse ; *Hibernie,* l'Irlande;
Thulé, une île que l'on croit être une des îles Sethland ;
Gaule, la France; *Hispanie* ou *Ibérie,* l'Espagne; *Lusitanie,*
le Portugal ; l'*Italie* a conservé son nom ; *Germanie,* l'Allemagne; *Pannonie* et *Dacie,* la Hongrie; *Illyrie, Thrace,*
Macédonie, la Turquie; *Péloponèse,* la Morée; *Sarmatie,*
la partie de la Russie qu'ils connaissaient. En Asie, les

contrées (1) entre l'Indus et la Méditerranée étaient parfaitement connues; au delà on trouvait au N. la Scythie;
à l'E., l'Inde qui formait l'Inde en deçà du Gange, à
l'extrémité de laquelle existait l'île *Taprobane* (Ceylan),
et l'Inde au delà du Gange qui se terminait par la *Chersonèse d'or* (presqu'île de Malacca). Les contrées de
l'Afrique connues des anciens ne dépassaient guère le
littoral de la Méditerranée et de la mer Rouge. (Voir
leur indication chapitre XXXI.)

CHAPITRE IX.

DIVISION DE L'OCÉAN EN GRANDES MERS. — MERS INTÉ-
RIEURES. — ISTHMES ET DÉTROITS PRINCIPAUX. —
GRANDES ÎLES DU GLOBE.

L'ensemble des eaux qui entoure les terres du globe
a reçu le nom général d'*Océan*. L'Océan se divise en
cinq grandes parties : 1° l'*océan Glacial arctique*, au
N. de l'ancien et du nouveau continent; 2° l'*océan Atlantique*, entre les deux Amériques, l'Europe et l'Afrique; 3° l'*océan Indien* ou mer des Indes, compris entre
l'Afrique, l'Asie et l'Océanie; 4° l'*océan Pacifique* ou
grand Océan, entre les deux Amériques, l'Asie et
l'Océanie; 5° l'*océan Glacial antarctique*, dans les régions polaires australes.

Chacun des océans ci-dessus, à l'exception du der-

(1) Elles sont indiquées ch. XXVIII.

nier, comprend des mers particulières et de grands golfes, savoir :

Dans l'océan Glacial arctique : la mer *Blanche*, au
N. de l'Europe; la mer de *Kara*, au N. de l'Asie; la
mer de *Baffin* et la mer *Polaire*, en Amérique;

Dans l'océan Atlantique : la *Méditerranée*, la plus
grande des mers intérieures du globe, renfermée entre
l'Europe, l'Asie et l'Afrique; on remarque dans la Méditerranée : la mer *Adriatique*, la mer de l'*Archipel* et la
mer *Noire*. L'océan Atlantique forme encore sur les côtes
de l'Europe : la mer du *Nord*, la mer *Baltique;* sur les
côtes de l'Amérique : la baie d'*Hudson*, au N., le golfe
du *Mexique* et la mer des *Antilles*, au centre; sur les
côtes de l'Afrique, le golfe de *Guinée;*

Dans l'océan Indien : la mer *Rouge*, entre l'Asie et
l'Afrique; le golfe *Persique*, le golfe d'*Oman*, le golfe
du *Bengale*, au midi;

Dans l'océan Pacifique ou grand Océan : au N., la
mer de *Behring*, entre l'Amérique et l'Asie; la mer
d'*Okhotsk*, la mer du *Japon*, la mer *Jaune*, la mer
Orientale et la mer de la *Chine* sur les côtes de l'Asie;
la mer *Vermeille* ou golfe de *Californie*, à l'O. de l'Amérique septentrionale.

Les isthmes principaux du globe sont, dans l'ancien
continent : l'isthme de *Suez*, qui unit l'Asie et l'Afrique; dans le nouveau continent, l'isthme de *Panama*,
qui unit les deux Amériques.

Les principaux détroits du globe sont : le dét. de
Gibraltar, entre l'Europe et l'Afrique, qui met l'océan
Atlantique et la mer Méditerranée en communication;
le dét. de *Bab-el-Mandeb*, entre l'Afrique et l'Asie, il
réunit la mer Rouge à l'océan Indien; le dét. de *Ma-*

lacca, entre l'Asie et l'île de Sumatra, dans l'océan Indien; le dét. de *Behring,* entre l'Asie et l'Amérique septentrionale, qui fait communiquer le grand Océan et l'océan Glacial arctique.

Les grandes îles du globe sont : 1° dans l'océan Glacial arctique : au N. de l'Europe, la *Nouvelle-Zemble* et le *Spitzberg;* 2° dans l'océan Atlantique : l'*Islande,* au N.-O. de l'Europe; la *Grande-Bretagne* et l'*Irlande,* entre la mer du Nord et l'océan Atlantique; — la *Corse,* la *Sardaigne* et la *Sicile,* dans la Méditerranée; — entre les deux Amériques : l'archipel des *Antilles,* dans lequel on distingue l'île de *Cuba* et l'île d'*Haïti;* — enfin, au N.-E. de l'Amérique septentrionale, *Terre-Neuve;* 3° dans l'océan Indien : l'île de *Madagascar,* au S.-E. de l'Afrique; — l'île de *Ceylan,* au S. de l'Asie; 4° dans l'Océanie : les îles de la *Sonde,* la *Nouvelle-Hollande,* la *Nouvelle-Guinée,* la *Nouvelle-Zélande;* 5° dans le grand Océan : l'archipel du *Japon,* à l'E. de l'Asie; l'archipel des îles *Aléoutiennes,* au N.-O. de l'Amérique septentrionale; la *Terre de Feu,* au S. de l'Amérique méridionale; 6° dans l'océan Glacial antarctique : les îles du *Nouveau-Sethland* et différentes terres peu connues encore, qui sont peut-être des îles ou des portions distinctes d'un même continent. (Voir *Océanie,* chapitre XXXV.)

CHAPITRE X.

DESCRIPTION PHYSIQUE DE L'EUROPE.

Sup.: 10,150,000 k. c. — Pop.: 277,000,000 h.

Situation. L'Europe est située entre le 36° 0′40″ et 71° 10′ de lat. N., et le 12° 40′ de long. O. et le 66° 30′ de long. E.

Limites. Ses limites sont : au N., l'océan Glacial arctique; à l'O., l'océan Atlantique; au S., le dét. de Gibraltar, la Méditerranée, le dét. des Dardanelles, la mer de Marmara, le canal de Constantinople, la mer Noire et les monts Caucase; à l'E., la mer Caspienne, le fleuve Oural, les monts Ourals et la rivière Kara.

Étendue. Dans sa plus grande largeur, du cap Saint-Vincent au S.-O., à l'embouchure de la Kara au N.-E., l'Europe a 5,500 k. environ; et en ligne droite, du N. au S., 3,850 k., du cap Nord en Norvége au cap Matapan en Grèce.

Mers. L'océan *Glacial arctique* forme la mer *Blanche;* — l'océan *Atlantique* forme la mer *d'Irlande,* la *Manche,* la mer *du Nord,* et comme mer intérieure, la mer *Baltique; —* la mer *Méditerranée* forme les mers *Tyrrhénienne, Ionienne, Adriatique* et la mer de l'*Archipel.* Au N. de la mer *Noire,* on trouve la mer *d'Azof.*

Golfes. Les golfes principaux de l'Europe sont :

dans l'océan Glacial arctique, les golfes *Tcheskaya* et
Waranger; dans la mer Blanche, les golfes *Mezen,*
d'*Arkhangel,* d'*Onéga* et *Kandaleskaia;* dans la mer
Baltique, les golfes de *Bothnie,* de *Finlande,* de *Riga*
et de *Dantzig;* dans la mer du Nord, le *Zuyderzée,*
les golfes de *Forth* ou d'*Édimbourg,* et de *Murray;*
dans l'océan Atlantique, le golfe de *Gascogne;* dans
la Méditerranée, les golfes du *Lion,* de *Gênes,* de
Tarente et de *Lépante;* dans la mer Adriatique, ceux
de *Venise* et de *Trieste;* et dans la mer de l'Archipel,
le golfe de *Salonique.*

Caps. Les principaux caps sont : les caps *Nord* et
Nord-Kyn, en Norvége, dans l'océan Glacial arctique;
le cap *Lindesnœss,* au S. de la Norvége, dans la mer
du Nord. Dans l'océan Atlantique, les caps *Lands-End*
et *Lizard,* au S.-O. de l'Angleterre; les caps *Ortégal*
et *Finistère,* en Espagne; le cap *Saint-Vincent,* à l'extrémité S.-O. du Portugal. Dans la mer Méditerranée,
le cap de *Gate,* en Espagne; le cap *Passaro,* en Sicile;
le cap *Matapan,* au S. de la Morée.

Détroits. Les principaux détroits sont : le *Skager-
Rack,* le *Cattegat,* le *Sund,* le *grand* et le *petit* Belt,
qui font communiquer la mer du Nord et la mer Baltique; le canal du *Nord,* entre l'Écosse et l'Irlande; le
canal *Saint-Georges,* entre l'Irlande et l'Angleterre; le
Pas-de-Calais, entre la France et l'Angleterre; le dét.
de *Gibraltar,* entre l'Espagne et l'Afrique; le canal des
Baléares, entre l'Espagne et les îles Baléares; le dét.
ou *Bouches de Bonifacio,* entre les îles de Corse et de
Sardaigne; le dét. ou phare de *Messine,* entre la Sicile
et le roy. de Naples; le canal d'*Otrante,* entre le roy.
de Naples et la Turquie; le dét. des *Dardanelles* et le

canal de Constantinople, entre la Turquie d'Europe et la *Turquie d'Asie.* Le dét. des Dardanelles réunit la Méditerranée à la mer de Marmara ; le canal de Constantinople, la mer de Marmara à la mer Noire. Enfin, le dét. d'*Iénikalé* ou de *Kertch* réunit la mer Noire et la mer d'Azof.

Presqu'îles. Les péninsules et presqu'îles les plus remarquables sont : au N., la *Scandinavie,* composée de la Suède et de la Norvége ; le *Jutland,* province du Danemarck ; au S.-O., la péninsule *Ibérique* ou *Hispanique,* ou simplement la *Péninsule,* qui comprend l'Espagne et le Portugal ; au S., et dans la Méditerranée, l'Italie et la péninsule *Turco-Hellénique,* qui se termine elle-même par la presqu'île de *Morée ;* au S.-E., la *Crimée,* entre la mer Noire et la mer d'Azof.

Isthmes. L'isthme de *Corinthe* rattache la province de Morée au roy. de Grèce ; l'isthme de *Pérékop* rattache la Crimée à la Russie.

Iles. Les îles principales sont : l'archipel du *Spitzberg,* la *Nouvelle-Zemble,* les îles *Waigats* et *Kalgouef,* dans l'océan Glacial arctique. — Dans l'océan Atlantique : les îles *Loffoden,* sur les côtes de la Norvége ; l'*Islande ;* les îles *Feröe ;* les îles *Britanniques,* dont les plus importantes sont la *Grande-Bretagne* et l'*Irlande.* Les autres îles de l'Europe sont : les îles d'*Aland,* dans le golfe de Bothnie ; les îles *Dago, OEsel, Gothland, Oland* et *Bornholm,* dans la mer Baltique ; les îles *Séeland* et *Fionie,* entre cette mer et le Cattégat. — Dans la Méditerranée : les îles *Baléares,* la *Corse,* la *Sardaigne,* île d'*Elbe,* l'archipel des *Lipari,* la *Sicile,* l'île de *Malte ;* les îles *Ioniennes,* le long des côtes de la Grèce, l'île de *Candie,* anciennement île de Crète ; et enfin les îles de l'Archipel, parmi lesquelles on distingue *Négrepont*, les *Cyclades* et l'île *Lemnos*.

Lacs. Les principaux lacs de l'Europe sont : les lacs *Ilmen*, *Onéga*, *Ladoga* et *Peipus*, en Russie ; — les lacs *Wetter*, *Melar* et *Wenner*, en Suède ; — ceux de *Genève* ou *Léman*, de *Constance*, de *Zürich*, de *Lucerne*, de *Neufchâtel*, en Suisse ; — les lacs *Majeur*, de *Como* et de *Garde*, en Italie ; — le lac *Balaton* ou *Platten-Sée*, en Hongrie.

Déserts. L'Europe ne renferme pas de désert proprement dit ; mais elle a beaucoup de landes et de steppes. Les plus étendues sont en Russie, la steppe de *Ryn*, entre le Volga et l'Oural, et la steppe du *Volga*, entre ce fleuve et le Don.

Montagnes. Les principales chaînes de montagnes sont :

Les *Dofrines* ou *Alpes scandinaves*, en Suède ; les monts *Grampians*, en Écosse ; les *Vosges*, le *Jura*, les *Cévennes*, en France ; les *Pyrénées*, entre la France et l'Espagne ; les monts *Ibériques*, en Espagne ; les *Alpes*, entre la Suisse, la France, l'Italie et l'Allemagne ; les *Apennins*, en Italie ; les monts de *Moravie*, les monts de *Bohême*, les monts *Sudètes*, en Allemagne ; les *Krapaks*, ou *Karpathes*, en Hongrie ; les *Alpes helléniques* et les *Balkans*, en Turquie ; le *Caucase* et les monts *Ourals*, en Russie.

Volcans. Les principaux sont : l'*Hécla*, en Islande, le *Vésuve*, près de Naples, en Italie ; l'*Etna* ou *Gibel*, en Sicile.

Fleuves. L'Europe est divisée en deux versants : 1° celui du N., du N.-O. et de l'O., pour les fleuves qui se rendent dans l'océan Glacial arctique, l'océan

Atlantique, la Baltique, la mer du Nord et la Manche;
2° celui du S. et du S.-E., pour les fleuves qui se
jettent dans le Méditerranée, la mer Noire et la mer
Caspienne.

Fleuves du versant N., N.-O. et O.

1° Sont tributaires de l'océan Glacial arctique : la
Petchora et la *Dwina septentrionale*, qui est un affluent
de la mer Blanche;

2° Sont tributaires de la Baltique : la *Tornéa*, la
Luléa, l'*Uméa*, le *Dal*, affluents du golfe de Bothnie; la
Newa, qui tombe dans le golfe de Finlande; la *Dwina
méridionale*, qui se jette dans le golfe de Riga; le
Niemen, la *Vistule* grossie du *Bug*, et l'*Oder;*

3° Sont tributaires de la mer du Nord : l'*Elbe*, le
Wéser, le *Rhin* grossi du *Main* et de la *Moselle*, la
Meuse, l'*Escaut*, la *Tamise*, l'*Humber* et le *Forth;*

4° La *Seine* est un affluent de la Manche;

5° Sont tributaires de l'océan Atlantique, dans la
Grande-Bretagne : le *Shannon*, la *Severn* ou *Saverne;*
— en France : la *Loire*, la *Gironde*, grossie de la *Dordogne* et de la *Garonne;* — dans la péninsule Hispanique : le *Minho*, le *Duero* ou *Douro*, le *Tage*, la *Guadiana* et le *Guadalquivir*.

Fleuves du versant S. et S.-E.

1° Sont tributaires de la Méditerranée : l'*Èbre*, en
Espagne; le *Rhône* grossi de la *Saône*, en France;
l'*Arno*, le *Tibre*, le *Pô* et l'*Adige*, en Italie; — ces deux
derniers tombent dans la mer Adriatique; — la *Maritza*
et le *Vardar*, qui tombent dans l'Archipel.

2° Sont tributaires de la mer Noire : 1° le *Danube*, qui reçoit l'*Inn*, la *Drave*, la *Save*, la *Theiss*, la *Sereth* et le *Pruth ;* 2° le *Dniester* et le *Dnieper*.

Le *Don* se jette dans la mer d'Azof.

3° Sont tributaires de la mer Caspienne : l'*Oural* et le *Wolga*. Le Wolga est le fleuve le plus long de l'Europe, son parcours est de 3,600 k.

Divisions politiques. L'Europe est divisée en 18 États principaux, savoir : 2 au N. : le roy. de *Suède* et *Norvége* et celui de *Danemarck ;* — 6 à l'O. : le roy. *Britannique*, la *Hollande* ou les *Pays-Bas*, la *Belgique*, la *France*, l'*Espagne* et le *Portugal ;* — 4 au centre : l'*Allemagne* ou *Confédération germanique*, le roy. de *Prusse*, l'empire d'*Autriche* et la *Suisse* ou *Confédération helvétique ;* — 5 au S. : le roy. de *Sardaigne*, le roy. de *Naples* ou des *Deux-Siciles*, la *Turquie* ou *Empire ottoman* et le roy. de *Grèce ;* — 1 à l'E. : l'Empire de *Russie*, dans lequel se trouve comprise la *Pologne*.

CHAPITRE XI.

SUÈDE ET NORVÉGE.

Sup. : 757,832 k. c. Pop. (1855) : 5,130,118 h., dont 3,639,332 pour la Suède et 1,490,786 pour la Norvége.

Situation et limites. Ce roy., situé dans la partie la plus septentrionale de l'Europe, est borné au N. par l'océan Glacial arctique ; à l'O. par l'océan Atlantique ; au S. par le Skagerrack, le Cattégat, le Sund et la Baltique; à l'E. par la Baltique, le golfe de Bothnie et la *Tornea*, qui la sépare de la Russie.

On remarque dans l'*océan Glacial arctique* le cap *Nordkin* sur le continent, le cap *Nord* dans une des îles Tromsen, et les golfes *Waranger* et *Tana;* — dans l'*océan Atlantique* le cap *Lindesnæss* et le golfe de *Christiania;* — dans la *mer Baltique* le golfe de *Bothnie*.

Les dét. du *Skagerrack*, du *Cattégat* et du *Sund* séparent la Suède et la Norvége du Danemarck. — Les principales îles sont, dans l'océan Glacial arctique : les îles *Tromsen*, les îles *Loffoden*, au S.-O. desquelles on trouve le gouffre de Malstrœm ; les îles *Drontheim* et les îles *Bergen* dans l'océan Atlantique ; les îles *Oland*, *Gothland* et l'archipel de *Stokholm* dans la Baltique.

Parmi les lacs, on doit citer les lacs *Wenner*, *Wetter* et *Mœlar*. — Les monts *Dofrines* ou *Alpes scandinaves* parcourent la Suède et la Norvége du N. au S. — Ce roy. est arrosé par le *Glommen* en Norvége, et par la *Tana*, l'*Oster-Dal*, l'*Umea*, la *Skeleftea*, la *Lulea* et la *Tornea* en Suède.

Nationalités. Les Suédois et les Norvégiens sont de race germanique. On compte en Suède 4,000 Lapons; en Norvége, 5,992 Kwennes, 739 Bohémiens et environ 16,000 Finnois ou Lapons, dont 1,945 sont nomades.

Cultes. La religion luthérienne est seule reconnue en Suède et en Norvége; en Suède, les catholiques sont au nombre de 900 environ, les mormons de 400 et les juifs de 1,000. On compte 203 mormons en Norvége.

Gouvernement. Monarchie constitutionnelle; deux diètes, composées des députés nommés par la Suède et la Norvége, limitent le pouvoir politique du roi.

Grandes divisions territoriales. Capitales. Villes principales. La Suède est divisée en 3 régions : le *Nordland* au N., comprenant la *Laponie;* la *Suède* au centre ; la *Gothie* au S. Ces 3 régions se subdivisent en 25 *læns* ou gouvernements. La Norvége est également divisée en 3 régions qui se subdivisent en 17 *amts* ou bailliages : le *Nordlandens* au N. ; le *Nordenfields* au centre ; le *Sœdenfields* au S. Les villes principales sont : *Stockholm* (1858), 101,502 h., cap. du roy. ; beau port sur le dét. qui unit le lac Mœlar à la Baltique ; très-commerçante. *Upsal,* 8,006 h., sur la Fryis ; célèbre par son université. *Gothembourg,* 30,576 h. ; port sur le Cattégat ; commerçante. *Carlscrona,* 14,513 h. ; place forte sur la Baltique. *Christiania,* 38,958 h., cap. de la Norvége, sur le golfe de Christiania ; commerçante. *Bergen,* 25,797 h. ; port de commerce en Norvége.

Possessions hors d'Europe et colonies. Voir *Amérique.*

CHAPITRE XII.

DANEMARCK.

Sup. 56,843 k. c. ; pop. totale en 1859 (colonies comprises) : 2,915,000 h. En 1855 le recensement donnait pour le Danemarck, y compris les provinces de la Confédération germanique (Holstein : 523,528 h.; Lauenbourg : 49,475 h.; Schleswig : 395,860 h.), 2,468,713 h. ; pour les îles Feröe : 8,651 h. ; pour l'Islande : 64,603 h., total : 2,541,967 h.; pour les colonies d'Amérique, 47,029 h.; total général : 2,588,996 h.

Situation et limites. Le Danemarck est situé au S. de la Suède. Il est borné au N. par le Skagerrack ; à l'O. par la mer du Nord ; au S. par l'Elbe et l'Allemagne ; à l'E. par la Baltique, le Sund et le Cattégat.

Le Danemarck se compose de la presqu'île du *Jutland* et de l'*archipel Danois*, dont les îles les plus considérables sont *Séeland*, *Fionie* et *Laland*. — Les dét. du *Skagerrack*, du *Cattégat* et du *Sund* séparent le Danemarck de la Suède et de la Norvége ; le *grand Belt* sépare Séeland de Fionie, et le *petit Belt*, Fionie du Jutland. — L'île *Bornholm* dans la Baltique, l'archipel des *Féroer* et l'*Islande* dans l'océan Atlantique appartiennent au Danemarck. On trouve en Islande le volcan l'*Hécla* et le *Geyser*, jet d'eau chaude considérable qui s'élève à 30 mètres de hauteur et dont la température est de $+110°$ à $127°$ centigrades. — Le Danemarck est arrosé par la *Skierne*, l'*Eider* et l'*Elbe*, qui tombent dans la mer du Nord.

Nationalités. Les Danois sont au nombre de 1,500,000 et les Allemands de 900,000 environ (Kolb).

Cultes. Le luthéranisme est dominant en Danemarck. En 1855 on comptait 3,036 catholiques, 2,500,000 luthériens, 2,633 réformés, 2,046 mormons, 1,726 baptistes, 8,263 juifs.

Gouvernement. Monarchique ; le pouvoir du souverain est limité par l'assemblée des états.

Grandes divisions territoriales. Capitale. Villes principales. Le Danemarck est divisé en 4 *stifts* ou provinces, qui sont : 1° l'*archipel Danois*, cap. *Copenhague*, 143,591 h., qui est en même temps cap. de tout le roy., place forte et port de mer. — V. pr. : *Elseneur*, place forte ; — 2° le *Jutland*, cap. *Aarhus*, port de commerce ; — 3° le *Schleswig*, cap. *Schleswig* ; — 4° le *Holstein*, dans lequel est enclavé le duché de *Lauenbourg*, cap. *Glückstadt*. — V. pr. : *Altona*, 40,626 h., port de commerce. *Kiel*, 16,274 h., ville universitaire.

L'Islande a pour cap. *Reykiavig*.

Le Schleswig, le Holstein et le Lauenbourg font partie de la Confédération germanique.

Possessions hors d'Europe et Colonies. Voir *Amérique*.

CHAPITRE XIII.

ROYAUME-UNI DE GRANDE-BRETAGNE ET D'IRLANDE.

Sup. : 313,128 k. c. Pop. (évaluation pour 1860) : 29,000,000 d'h., dont 19,800,000 pour l'Angleterre et le pays de Galles, 3,100,000 pour l'Écosse et 6,100,000 pour l'Irlande. Le recensement du 1er janvier 1858 donnait : 19,523,000 âmes pour l'Angleterre et 3,093,870 pour l'Écosse. — La pop. des possessions ou colonies anglaises (Kolb) est de 395,283 h. pour celles de l'Europe ; de 133,755,437 h. pour celles de l'Asie ; de 713,131 h. pour celles de l'Afrique ; de 4,338,224 h. pour celles de l'Amérique ; de 1,100,262 h. pour celles de l'Australie. Total général de la pop. de la Grande-Bretagne et de ses possessions : 169,302,337 h.

Situation et limites. Ce roy. se compose de

l'archipel des îles Britanniques, dont les deux principales sont, à l'E., la Grande-Bretagne, qui renferme l'Angleterre et l'Écosse, à l'O., l'Irlande. Il est borné au N., à l'O. et au S. O. par l'océan Atlantique ; au S. par la Manche et le Pas-de-Calais ; à l'E. par la mer du Nord.

On remarque en Ecosse : les caps *Wrath* au N.-O. et *Kinnaird* à l'E. et les golfes de *Clyde*, de *Solway* à l'O., les golfes de *Forth*, de *Tay*, de *Murray* et de *Dornoch* à l'E ; — en Irlande : le cap *Malin* et le cap *Horn* au N. et le cap *Mizen* au S.-O. ; le golfe *Foyle* au N. et les baies *Donegal*, *Kilala*, de *Galway*, de *Dingle* à l'O. et la baie de *Dundalk* à l'E.; — en Angleterre : les caps *Lands-End* et *Lizard* au S.-O., les baies *Morecambe*, *Carnavon*, *Harlech*, *Cardigan*, et le canal de Bristol à l'O., les golfes de la *Tamise*, du *Wash* et de l'*Humber* à l'E.

Le dét. de *Pentland* sépare l'Écosse des îles Orcades, le *canal du Nord* l'Écosse de l'Irlande, le *canal Saint-Georges* l'Irlande de l'Angleterre, le *Pas-de-Calais* l'Angleterre de la France. — Les îles situées près du roy. Britannique et qui en dépendent sont : les archipels des *Orcades*, des *Shetland*, des *Hébrides*, l'île de *Man*, l'île d'*Anglesey*, l'archipel des *Scilly* ou *Sorlingues*, l'île de *Wight*, surnommée le jardin de l'Angleterre pour la douceur de son climat et la beauté de ses paysages, et, sur les côtes de France, les îles *Normandes*, dont les principales sont *Guernesey* et *Jersey*.

On remarque plusieurs lacs en Irlande, entre autres les lacs *Neagh*, *Erne* et *Corrib*.

Les monts *Grampian* en Écosse et les monts *Cheviot* entre l'Écosse et l'Angleterre sont les plus importantes chaînes de montagnes.

L'Angleterre est arrosée par la *Tamise*, l'*Humber*, la *Tyne* et la *Tweed*, tributaires de la mer du Nord, par la *Mersey* et la *Severn*, qui se jettent dans l'océan Atlantique. En Écosse, le *Forth* et le *Tay* se jettent dans la mer du Nord; la *Clyde* est un affluent de l'océan Atlantique. En Irlande la principale rivière est le *Shannon*, qui tombe dans le même océan.

Cultes. On compte :

	Anglicans.	Presbytériens.	Autres chrétiens non catholiques.	Catholiques.
En Angleterre.	15,200,000	500,000	1,600,000	1,000,000
En Écosse. . .	100,000	2,000,000	600,000	150,000
En Irlande. . .	900,000	650,000	50,000	5,000,000
Total. . .	16,200,000	3,150,000	2,250,000	6,150,000

et 40,000 juifs répandus en Angleterre, en Écosse et en Irlande.

Gouvernement. Monarchie représentative. Le pouvoir du souverain est limité par le *parlement*, qui se compose de deux chambres : la *Chambre des communes*, dont les membres sont élus par le peuple, la *Chambre des lords*, dont les membres sont nommés par le souverain.

Grandes divisions territoriales. Capitales. Villes principales. L'Angleterre, qui dans sa partie occidentale s'appelle *Principauté de Galles*, est divisée en 52 comtés; l'Écosse est divisée en 33 comtés; et l'Irlande en 4 provinces ecclésiastiques, subdivisées en 32 comtés.

Les v. pr. sont, en Angleterre : *Londres*, 2,362,226 h. (1), cap. du roy.; grand port de commerce sur la

---

(1) La pop. des villes est indiquée d'après le recensement de 1851.

Tamise; ville manufacturière et industrielle. *Manchester* (avec Salford), 401,321 h., sur l'*Irwel;* manufactures de coton très-importantes. *Liverpool*, 375,955 h., à l'embouchure de la Mersey; grande place de commerce. *Birmingham*, 232,841 h.; grandes manufactures d'armes et de construction de machines; quincaillerie, bijouterie. *Leeds*, 172,270 h.; filatures. *Bristol*, 137,328 h. *Sheffield*, 135,310 h. *Newastle*, mines de houille. *Oxford* et *Cambrigde*, universités célèbres. — En Écosse : *Édimbourg* (avec Leith), 191,221 h.; cap., sur le Forth; université célèbre. *Glasgow*, 329,097 h., importante par son commerce et ses manufactures. — En Irlande : *Dublin*, 254,850 h., cap., commerçante et industrieuse; *Belfast*, 102,103 h.; *Cork*, 86,485 h.; port sur le Lee.

Possessions anglaises en Europe. L'Angleterre possède :

L'île d'*Héligoland*, à l'embouchure de l'Elbe : pop. (1856), 2,800 h.

Les îles *Normandes*, sur les côtes de France, dans la Manche.

En Espagne, *Gibraltar*, place très-forte, port militaire sur l'océan Atlantique. Pop. en 1854, 15,823 h.

Dans la Méditerranée, l'île de *Malte;* ch.-l., *La Valette*, une des places les mieux fortifiées du globe. La pop. de Malte et des petites îles voisines (1856) est de 142,537 h.

Dans la mer Ionienne, les îles *Ioniennes*, qui appartiennent en réalité à l'Angleterre, bien qu'elles soient censées placées simplement sous sa protection. Les principales sont : *Corfou* et *Céphalonie*. Elles ont pour cap. *Corfou*, dans l'île de ce nom, place forte et port de

mer, 25,000 h. — La sup. des îles Ioniennes est de
2,836 k. c.; leur pop. (1858) de 246,483 h. On y
compte 230,000 Grecs non unis, et 15,000 protestants. Les indigènes sont Grecs et parlent la langue
grecque.

**Possessions anglaises hors d'Europe et co-
lonies.** Voir *Asie, Afrique, Amérique, Océanie.*

CHAPITRE XIV.

PAYS-BAS OU HOLLANDE.

Sup. 32,589 k. c. — Pop. (1859), 3,543,775 h.,
y compris les provinces de la Confédération germanique pour 412,245 h. (Limbourg et Luxembourg).

Situation et limites. La Hollande est bornée
au N. et à l'O. par la mer du Nord; au S. par la
Belgique; à l'E. par la Confédération germanique.

La Hollande est un pays plat, défendu contre les
envahissements de la mer par des dunes et de nombreuses digues. Il est traversé par plusieurs fleuves et
coupé de nombreux canaux. — La mer du Nord, en
s'enfonçant dans les terres, forme un large golfe, le
Zuyderzée, qui en forme lui-même un plus petit, l'*Y*.
Plusieurs îles bordent l'entrée du Zuyderzée : on remarque *Texel, Wlieland, Terschelling*. D'autres îles sont
formées au S.-O. de la Hollande par les bouches de
la Meuse et de l'Escaut : *Walcheren, Sudbeveland,* sont
les plus importantes.

La Hollande est arrosée par la *Meuse,* par l'*Escaut* et

par le *Rhin,* qui se divise en plusieurs branches, savoir : le *Vieux-Rhin,* le *Wahal,* le *Lech* et l'*Yssel.*

Nationalités. Elles sont ainsi réparties :

2,400,000 Hollandais (Bataves), 500,000 Frisons, 400,000 Flamands, 50,000 Allemands.

Cultes. L'Église calviniste est dominante en Hollande. Les protestants sont au nombre de 2,000,000, les catholiques au nombre de 1,220,000, et les juifs au nombre de 64,000.

Gouvernement. Monarchique. Le roi règne avec le concours de deux chambres.

Grandes divisions territoriales, capitale, villes principales. La Hollande est divisée en douze provinces, y compris le Limbourg hollandais et le duché de Luxembourg, qui font partie de la Confédération germanique.

Ces douze provinces sont :

La *Hollande septentrionale,* 543,043 h.; ch.-l. *Harlem.*—V. pr., *Amsterdam,* 260,527 h., très-importante par son commerce;

La *Hollande méridionale,* 627,684 h.; ch.-l., *la Haye,* 77,728 h. en 1856, siège du gouvernement. — V. pr. *Rotterdam,* 104,178 h. (1859), sur la Meuse, industrieuse et commerçante. *Leyde,* 36,451 h. (1856);

Province d'*Utrecht,* 162,249 h.; ch.-l. *Utrecht,* 48,000 h.;

La *Zélande,* 166,483 h.; ch.-l. *Middelbourg;*

Le *Brabant hollandais,* 414,470 h.; ch.-l. *Bois-le-Duc;*

Province de *Gueldre,* 403,972 h.; ch.-l. *Arnheim.* V. pr., *Nimègue;*

L'*Over-Yssel*, 236,769 h.; ch.-l. *Zwoll ;*

La *Frise*, 272,910 h.; ch.-l. *Leeuwarden ;*

Province de *Groningue*, 208,814 h.; ch.-l. *Groningue ;*

Province de *Drenthe*, 95,136 h.; ch.-l. *Assen ;*

Le *Limbourg hollandais*, 217,217 h.; ch.-l. *Maestricht*, 32,000 h.;

Le *Luxembourg*, 195,028 h.; ch.-l., *Luxembourg*, place forte, 13,129 h.

Possessions hors d'Europe et colonies. Voir *Afrique, Amérique, Océanie.*

CHAPITRE XV.

BELGIQUE.

Sup. 29,456 k. c. — Popul. (janvier 1859), 4,623,089 h.

Situation et limites. La Belgique est située au N. de la France; elle est bornée au N. par la Hollande; à l'O. par la mer du Nord; au S. par la France; au S.-E. par le grand-duché de Luxembourg; à l'E. par la Confédération germanique.

La Belgique est un pays plat coupé de nombreux canaux. Elle est arrosée par la Meuse, qui reçoit la *Sambre,* par l'*Escaut,* qui reçoit la *Lys,* la *Dyle* et la *Nethe.*

Nationalités. En 1846, les Flamands étaient au nombre de 2,471,248, et les Wallons au nombre de 1,827,141.

Cultes. Les Belges sont catholiques. A peine compte-t-on 15,000 protestants et 1,500 juifs dans toute la Belgique.

Gouvernement. Monarchie représentative. Deux chambres concourent à l'action politique du souverain.

Grandes divisions territoriales. Capitale. Villes principales. La Belgique est divisée en neuf provinces, savoir :

Le *Brabant belge*, 772,728 h.; ch.-l. *Bruxelles*, cap. du royaume; pop. 166,807 h., et avec huit communes limitrophes, 262,640 h. — V. pr. *Louvain*, 31,615 h., université célèbre;

Province d'*Anvers*, 445,705 h., ch.-l. *Anvers*, 107,176 h., port de commerce. — V: pr. : *Malines*, 31,593 h., industrielle et commerçante;

La *Flandre orientale*, 787,070 h., ch.-l. *Gand*, 115,958 h.;

La *Flandre occidentale*, 631,854 h., ch.-l. *Bruges*, 51,277 h. — V. pr. *Ostende*, 15,704 h., port de commerce;

Le *Hainaut*, 789,844 h., ch.-l. *Mons*, 25,262 h. — V. pr. *Tournay*, 30,980 h.; *Charleroy;*

Province de *Namur*, 290,980 h., ch.-l. *Namur*, 24,108 h., place forte;

Province de *Liége*, 514,894 h., ch.-l. *Liége*, 88,098 h., ville industrielle. On remarque *Spa*, renommée pour ses eaux minérales;

Le *Limbourg belge*, 193,160 h., ch.-l. *Hasselt*, 10,355 h.;

Le *Luxembourg belge*, 196,854 h., ch.-l. *Arlon*, 5,559 h.

CHÀPITRE XVI.

FRANCE.

Position astronomique. Là partie continentale de l'empire français est comprise entre le 7°,7′ de long. O. et le 5°,51′ de long. E., et les 42°,20′ et 51°,5′ de lat. N.

Situation et limites. La France est située dans la partie occidentale de l'Europe. Elle est bornée au N. par la Bavière Rhénane, la Prusse Rhénane, le grand-duché de Luxembourg, la Belgique, le Pas-de-Calais et la Manche ; à l'O., par l'océan Atlantique ; au S., par les Pyrénées et la Méditerranée ; à l'E., par les Alpes, le Rhône, le lac de Genève, la Suisse, le Jura et le Rhin.

Étendue. Superficie. Cadastre. Le cadastre a pour objet de déterminer l'étendue de la surface du sol, la nature des terres et la valeur de leurs produits. La plus grande longueur de la France est de 956 k. du N. au S., et de 916 k. de l'O. à l'E. Sa superficie est de 542,332 k. c., y compris Nice et la Savoie, savoir : pour la France continentale, avant l'annexion, 521,531 k. c. (52,153,149 hectares 64 ares) ; pour Nice, 1,000 k. c. environ ; pour la Savoie, 11,054 k. c., et, pour la Corse, 8,747 k. c. (évaluation approximative, le cadastre n'étant pas achevé). La superficie de la France sans Nice et la Savoie se subdivise ainsi (1) :

---

(1) *Traité de géogr. et de stat. méd.*, t. II, p. 33.

	Hectares.
Terres labourables.	25,500,075
Prés.	5,159,179
Vignes.	2,088,048
Bois.	7,688,286
Vergers, pépinières, jardins.	627,704
Oseraies, aulnaies, saussaies.	64,429
Carrières et mines.	3,566
Mares, canaux d'irrigation, abreuvoirs.	17,372
Canaux de navigation.	12,272
Landes, pâtis, bruyères, tourbières, marais, rochers, montagnes incultes, terres vaines et vagues.	7,138,282
Étangs.	177,168
Oliviers, amandiers, mûriers, etc.	109,261
Châtaigneraies	559,029
Routes, chemins, rues, places et promenades publiques.	1,102,122
Rivières, lacs, ruisseaux.	439,572
Forêts et domaines non productifs.	1,047,684
Cimetières, presbytères, bâtiments publics, églises.	14,742
Autres terrains non imposables.	150,458

Caps. Les principaux caps sont : le cap *Gris-Nez,* sur le Pas-de-Calais; la pointe de *Barfleur,* au N.-E., et le cap de la *Hogue,* au N.-O. de la presqu'île du Cotentin (département de la Manche), dans la Manche; le cap *Finistère,* à l'extrémité O. du département de ce nom dans l'océan Atlantique.

Golfes et baies. Les principaux sont : dans la Manche, la baie de la *Somme,* le golfe du *Calvados,* le golfe de *Saint-Malo;* dans l'océan Atlantique, la rade ou baie de *Brest,* la baie de *Douarnenez,* la baie de *Bourgneuf,* à l'embouchure de la Loire, le grand golfe de *Gascogne;* dans la Méditerranée, le golfe du *Lion,* la rade de *Toulon.*

Détroits. Le *Pas-de-Calais* sépare la France de

l'Angleterre. On remarque encore, dans l'océan Atlantique, le *pertuis Breton*, entre la France et l'île de Ré; le *pertuis d'Antioche*, entre cette île et l'île d'Oléron; le *pertuis de Maumusson*, entre cette île et la France.

Presqu'îles. Les principales sont : la presqu'île du *Cotentin*, dans la Manche; la *Bretagne*, entre la Manche et le golfe de Gascogne, et la presqu'île de *Quiberon*, au S. de la Bretagne, dans l'océan Atlantique.

Îles. Les plus remarquables sur les côtes de France et dépendantes de l'empire sont, dans l'Océan : l'île d'*Ouessant*, l'île de *Groix*, *Belle-Isle*, l'île de *Noirmoutiers*, l'île d'*Yeu* ou *Dieu*, l'île de *Ré* et l'île d'*Oléron*; dans la Méditerranée : les îles d'*Hyères*, les îles de *Lérins* et l'île de *Corse*.

Lacs, étangs. Les principaux sont, à l'O. : le lac de *Grandlieu*, près de l'embouchure de la Loire; l'étang de *Carcans*, celui de la *Canau*, au N. du bassin d'Arcachon, l'étang de *Sanguinet*, au S. du même bassin; au S., sur les côtes du golfe du Lion, les étangs de *Saint-Nazaire*, de *Leucate*, de *Sigean*, de *Thau*, de *Maguelonne*, de *Mauguio*, de *Valcarès* et de *Berre*; à l'E. les lacs d'*Annecy*, du *Bourget* et de *Genève*, en Savoie.

Landes. Dans une partie de la région S.-O. de la France (Gironde, Gers, Landes, Lot-et-Garonne) s'étendent les plaines arides et désolées des landes qui forment une surface de 3,000 k. c. Le terrain de cette contrée appartient à la période tertiaire. Le sol supérieur est un mélange de sable fin et d'argile. Sur plusieurs points, le sable est assez mobile pour être soulevé et transporté par les vents. (*Patria*, t. I, p. 611.)

Montagnes. Les principales chaînes sont : au N.-E., les *Vosges* et les monts *Faucilles*; au centre, le plateau

4.

de *Langres*, les monts du *Morvan*, les monts du *Charo-lais*, les *Cévennes*, les montagnes d'*Auvergne* et du *Limousin*; à l'O., la chaîne *Armorique*, dans la Bretagne; au S. les *Corbières* et les *Pyrénées*; au S.-E. les *Alpes*; à l'E. le *Jura*.

Hauteur des principales montagnes de France au-dessus du niveau de l'Océan.

	Mètres.
Le mont Blanc en Savoie.	4,810
Le pic des Écrins ou des Arsines (Hautes-Alpes).	4,105
Le mont Pelvoux (Hautes-Alpes).	3,934
Le mont Cenis (Savoie).	3,493
Le Vignemale (Hautes-Pyrénées).	3,298
Le pic du Midi (Hautes-Pyrénées).	2,912
Le Canigou (Pyrénées-Orientales)	2,785
Le Monte-Rotondo (Corse).	2,672
Le mont Ventoux (Vaucluse)	1,909
Le mont Dore (Puy-de-Dôme).	1,886

Hauteur de quelques lieux habités.

Le village de Saint-Véran (Hautes-Alpes).	2,040
Le village de Maurin (Basses-Alpes)	1,902
Le village de Héas (chapelle, Hautes-Pyrénées)	1,497
Le village de Gavarnie (auberge, Hautes-Pyrénées).	1,335
La ville de Briançon (Hautes-Alpes).	1,306
Le village de Baréges (cour des bains; Hautes-Pyrénées).	1,241
Bains du mont Dore (Puy-de-Dôme).	1.040

Bassins et fleuves. La France est divisée en deux grands versants; celui du N., du N.-O. et de l'O., comprend les fleuves qui se rendent dans la mer du Nord, la Manche et l'océan Atlantique; celui du S.-E. comprend ceux qui se rendent dans la Méditerranée. Ces deux versants renferment cinq bassins principaux, qui sont : le bassin de la *mer du Nord*, le bassin de la *Manche*, celui de la *Loire*, celui de la *Garonne*, celui du *Rhône* ou de la *Méditerranée*.

Les fleuves tributaires de la mer du Nord sont : 1° le *Rhin*, qui reçoit l'*Ill* et la *Moselle ;* la Moselle a pour affluents la *Meurthe* et la *Sarre ;* 2° la *Meuse*, qui reçoit la *Sambre ;* 3° l'*Escaut*, qui reçoit la *Scarpe* et la *Lys*.

Les fleuves tributaires de la Manche sont la *Somme* et la *Seine*, qui reçoit, à droite, l'*Aube*, la *Marne*, l'*Oise ;* à gauche, l'*Yonne* et l'*Eure*.

Les fleuves tributaires de l'océan Atlantique sont : 1° la *Vilaine*, qui reçoit l'*Ille ;* 2° la *Loire*, dont les affluents principaux sont, à droite, la *Nièvre*, le *Maine*, formé par la réunion de la *Mayenne*, de la *Sarthe* et du *Loir ;* à gauche, l'*Allier*, le *Loiret*, le *Cher*, l'*Indre*, la *Vienne ;* 3° la *Gironde*, formée de la réunion de la *Dordogne* au N., de la *Garonne* au S. La Dordogne a pour affluents l'*Isle* et la *Vézère*, qui reçoit la *Corrèze*. La Garonne reçoit le *Gers* à gauche, et à droite l'*Ariége*, le *Tarn* et le *Lot*. Le Tarn reçoit l'*Aveyron*.

Les fleuves tributaires de la Méditerranée sont : 1° l'*Aude ;* 2° l'*Hérault ;* 3° le *Rhône*, qui forme à son embouchure un delta appelé île de la Camargue. Les principaux affluents du Rhône sont : à droite, l'*Ain*, la *Saône* grossie du *Doubs*, l'*Ardèche* et le *Gard ;* à gauche, l'*Isère*, qui reçoit l'*Arc*, la *Drôme* et la Durance ; 4° le *Var*.

Cours d'eau non navigables ni flottables (1). Leur nombre était, au 1er janvier 1860, de 27,156 ;

---

(1) Ce relevé ne comprend pas, par conséquent, Nice et la Savoie. Douze départements n'ont pas fourni de renseignements pour le nombre des communes traversées et pour celui des établissements hydrauliques indiqués.

ils avaient un développement total de 41,460,110 k.,
et traversaient 25,098 communes. Ils servaient de mo-
teur à 50,345 établissements hydrauliques.

Géologie (1). Les provinces géologiques sont peu
nombreuses, mais nettement déterminées. Le territoire
se divise en quatre masses distinctes, opposées deux à
deux autour de l'intervalle compris entre la Vienne et la
Charente. Nous en donnons ici l'image simplifiée.

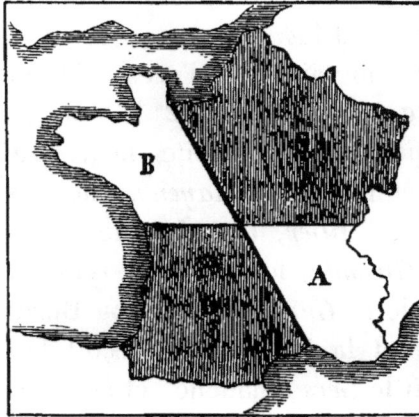

Dans l'angle A se trouvent le Limousin et l'Auvergne,
dans l'angle B la Bretagne, dans l'angle G le bassin de
la Garonne, dans l'angle S celui de la Seine et ses dépendances. Les terrains compris dans l'angle A offrent
avec ceux de l'angle B une analogie qui se trahit à l'œil
par l'analogie de la teinte, et de même pour les terrains
compris dans l'angle S, comparativement à ceux de
l'angle G. Cette symétrie se reproduit dans les éléments
principaux de sa statistique et de son histoire. Les provinces les moins fertiles et les moins peuplées sont celles

---

(1) *Traité de géogr. et de statist. médicales*, t. II, p. 72.

qui reposent sur les deux grands massifs de terrains anciens ; au contraire les dépôts tertiaires forment les lieux de la plus grande richesse agricole et de la grande condensation des populations. Mais si les terrains anciens sont les moins propres aux conditions que réclame la civilisation, ce sont ceux en revanche qui présentent généralement le plus de pâturages, de ruisseaux, de contournements du sol propres à la résistance aux invasions.

De ces quatre quartiers, les deux plus considérables par leur étendue et par leur position, et en même temps les plus remarquables par le contraste qu'ils présentent, sont le bassin de Paris et le dôme de l'Auvergne. « Ces deux pôles de notre sol, dit M. Élie de Beaumont, s'ils ne sont pas situés aux deux extrémités d'un même diamètre, exercent en revanche entre eux des influences exactement contraires : l'un est en creux et attractif, l'autre est en relief et répulsif. Le pôle en creux, vers lequel tout converge, c'est Paris, centre de population et de civilisation. Le Cantal, placé vers le centre de la partie méridionale, représente assez bien le pôle saillant et répulsif. Tout semble fuir, en divergeant, de ce centre élevé, qui ne reçoit du ciel qui le surmonte que la neige qui le couvre pendant plusieurs mois de l'année. Il domine tout ce qui l'entoure, et ses vallées divergentes versent les eaux dans toutes les directions. Les routes s'en échappent en rayonnant comme les rivières qui y prennent leurs sources. Il repousse jusqu'à ses habitants, qui, pendant une partie de l'année, émigrent vers des climats moins sévères. L'un de ces deux pôles est devenu la capitale de la France ; l'autre est resté un pays pauvre et presque désert. Comme Athènes et Sparte dans la Grèce, l'un réunit autour de lui les richesses de la nature, de l'industrie et de la pensée ; l'autre, fier et sauvage au milieu de son âpre cortége, est resté le centre des vertus simples et antiques, et fécond malgré sa pauvreté, il renouvelle sans cesse la population des plaines par des essaims vigoureux et fortement empreints de notre caractère national. »

Paris est placé au centre d'une série de terrains différents disposés en bourrelet presque concentriquement autour de lui, et formant autant de lignes de défense célèbres dans l'histoire militaire de la France. Sur le bourrelet le plus intérieur on voit les champs de bataille de Montereau, de Nogent, de Montmirail, de Champaubert, d'Épernay, de Laon. Sur le deuxième, formé par les limites de la craie, se trouvent, Troyes, Brienne, Sainte-Menehould, Valmy. La troisième crête, formée par les couches de grès, présente les défilés de l'Argonne. Près de la quatrième crête, qui appartient à l'étage supérieur du calcaire jurassique, se trouvent Bar-sur-Seine et Ligny.

Ajoutons que Paris est flanqué par les provinces agricoles les plus fertiles et les plus riches. Il n'est pas un seul point du territoire national qui soit plus favorablement partagé que Paris sous le rapport des principes naturels de la maçonnerie. Le plâtre, ce ciment par excellence de nos cités modernes, ce ciment si maniable et si propre à la mobilité merveilleuse de nos maisons, le plâtre le plus excellent, entassé par massifs inépuisables, entoure la ville, comme si une main sage et prévoyante s'était chargée d'en ménager les entrepôts. Les carrières les plus abondantes, les plus facilement exploitables, les plus riches en moellons et en pierres de toutes sortes, sont ouvertes aux flancs des collines ou dans les souterrains de la campagne. La chaux et l'argile ne manquent pas. A tous ces éléments étagés l'un sur l'autre, et dans une proximité si parfaite, se joint encore, par une dernière attention de la Providence, la formation minérale de laquelle sort le meilleur pavé des routes et des rues. Après la substance des maisons, quoi de plus essentiel que la substance des voies publiques! Enfin les meules extraites des couches supérieures du bassin de Paris sont l'instrument de la plus délicate mouture, non-seulement pour la population circonvoisine, mais pour la France entière; leur espèce est unique, et elles sont connues jusqu'au delà des mers. La coupe géologique des terrains de Paris fait éclat jusque dans la science : le continent n'en présente pas une qui soit plus variée et plus riche. Grâce à sa position dans le centre de cette localité privilégiée, notre capitale n'est pas moins solide dans le monde par ses racines souterraines qu'elle ne l'est par sa face extérieure et vivante. Il en est des grandes villes comme de ces arbres qui ne se développent que dans des terrains d'une qualité particulière. Les grandes villes ne croissent pas partout; elles ne sont point indépendantes du sol sur lequel elles reposent; elles y pompent une partie de leur nourriture, et la substance minérale qu'elles y prennent n'est pas moins indispensable à leur existence que la séve qui se met en jeu dans l'organisation végétale.

Sol. En France, les terrains volcaniques se rencontrent principalement du côté de l'Auvergne, où ils forment cinq massifs principaux près de Clermont, de Murat, d'Espalion, au-dessus de Rhodez et près de Privas. Pour retrouver des formations du même genre,

il faut se transporter sur le cours du Rhin, d'abord sur
la rive gauche, un peu au-dessus de Colmar, puis sur
la rive droite et la rive gauche au-dessous de Coblentz.
Sous le nom de terrains plutoniques sont réunies au
granit et à la syénite les diverses masses ignées, telles
que les porphyres, les diorites, les serpentines, les
ophytes. On les rencontre principalement près de Limoges, de Mende, dans les Vosges, dans les Pyrénées,
et dans un grand nombre de localités de la Bretagne.
Les deux principales masses de porphyres se trouvent
vers la partie supérieure de l'Yonne et des deux côtés de
la Loire, dans l'espace qui s'étend entre Lyon et Clermont. Les terrains cristallisés se trouvent spécialement
dans le centre de la France, dans les Alpes, sur la Méditerranée, entre Toulon et Nice, et en Bretagne. Les
terrains de transition comprenant les couches de schiste,
de calcaire, de grès, et alternant diversement les unes
avec les autres, se montrent particulièrement en Bretagne, dans les Pyrénées et dans toute la Belgique, depuis le Rhin jusqu'à la Sambre.

Le terrain houiller et carbonifère se compose de couches de schiste, de grès, quelquefois de calcaire, et
renferme des couches de houille plus ou moins épaisses
et nombreuses. Le terrain houiller constitue en Belgique
une longue bande depuis Aix-la-Chapelle jusqu'aux environs de Mons : il s'interrompt précisément à la frontière de France ; mais comme il ne fait que s'enfoncer
sous la craie, on a traversé celle-ci autour de Valen-
ciennes et au delà pour aller le chercher au-dessous.
Une puissante formation de la même espèce s'étend dans
l'intervalle entre Metz et Mayence. Ce sont les dépôts de
houille les plus étendus : les autres sont distribués par

petits bassins autour et dans l'intérieur du plateau primitif du centre de la France. Si l'on y joint deux petits bassins situés entre Nantes et Niort, dans la Vendée, un autre près de Quimper, un dernier près de Litry, entre Cherbourg et Saint-Lô, quelques lambeaux au voisinage de la Méditerranée, entre Nice et Toulon, on a une idée générale du petit nombre de localités qui possèdent de la houille, et de leur position par rapport aux cours d'eau qui servent au transport de ce combustible.

La formation du grès des Vosges se compose presque uniquement, en France, de grès plus ou moins mêlés de cailloux, et liés par un ciment rouge. Le calcaire, nommé *zechstein*, qui se trouve dans le milieu de cette formation, en Angleterre et en Allemagne, se réduit, en France, à très-peu de chose. C'est presque uniquement dans les Vosges, et jusqu'au bord du terrain houiller de la Sarre, que ce terrain mérite d'être compté. La formation des terrains crétacés, jurassiques et trias se compose principalement de grès, de marnes plus ou moins argileuses, et de calcaires alternant ensemble à diverses reprises, mais suivant des lois assez régulières. Cette grande formation constitue à la surface de la France un tout à peu près continu. Elle enveloppe les terrains anciens de la Bretagne depuis la Manche, entre Cherbourg et le Havre, jusqu'aux environs de l'embouchure de la Charente; de là elle tourne, en descendant vers le S., autour du massif central, disparaît un instant sous les terrains plus modernes de la Haute-Garonne et de la vallée du Rhône, remonte, de l'autre côté du massif central, dans les Alpes et le Jura, s'étale dans les provinces de l'Est jusqu'au massif ancien de la Belgique, et vient rejoindre la Bretagne en s'appuyant sur les pentes septentrionales du massif central. Aucune formation ne présente en France un aussi vaste développement, et c'est elle qui donne à la majeure partie du territoire les conditions qui lui sont propres.

Les terrains tertiaires comprennent tous les dépôts formés postérieurement à la craie. Ils se composent principalement de couches calcaires. Tels sont ceux qui remplissent les deux grands bassins que traversent la Seine et la Garonne. Les plus modernes sont des dépôts argileux ou sableux, tels que ceux qui couvrent les plaines de la Bresse, en remontant le cours de la Saône jusqu'au delà de Dijon ; ceux qui occupent la vallée du Rhin, entre Bâle et Mayence ; ceux qui revêtent les plateaux crayeux de la Normandie et de la Picardie, de la rive droite de la Seine à la frontière, et depuis le cours de l'Oise jusqu'à la mer ; enfin ceux qui se trouvent le long de l'Océan, entre la Garonne et l'Adour.

Mines. On compte en France 448 mines de charbon (houille, anthracite et lignite) ; 177 mines de fer, et seulement 199 mines d'autre nature, savoir :

Graphite et bitume	39
Terres pyriteuses et alumineuses.	10
Sel gemme et sources salées.	23
Antimoine.	24
Manganèse	20
Plomb et alquifoux	17
Plomb et argent.	24
Cuivre	10
Cuivre, plomb et argent.	12
Plomb, argent, zinc, cuivre, etc.	13
Or, argent, isolés ou réunis.	3
Arsenic, isolé ou réuni à l'or et à l'argent. . .	2
Total.	199

Les 448 mines de charbon se divisent entre 45 départements, elles embrassent une étendue superficielle de 4,776 k. c. (56 hectares).

L'anthracite s'exploite surtout dans les départements du Calvados, de l'Isère, de la Mayenne, du Nord et de la Sarthe. Le lignite se rencontre principalement dans les départements des Bouches-du-Rhône, de l'Isère, de la Haute-Saône et de Vaucluse.

Il n'existe en France que 2 concessions de graphite; elles appartiennent toutes deux au département des Hautes-Alpes. Elles ont ensemble une étendue de 1 k. c. 72 hectares. Les 10 concessions de terres pyriteuses et alumineuses embrassent ensemble une étendue de 109 k. c. Les 25 concessions de sel gemme et de sources salées existent dans six départements seulement. Celui des Basses-Pyrénées en a 10 d'une étendue totale de 5 k. c. 2 hectares.

Les mines de fer, au nombre de 177, embrassent ensemble un périmètre de 1,114 k. c. 21 hectares; elles se divisent entre trente départements. Le fer se trouve presque partout à l'état de peroxyde, le plus souvent en grains ou en couches dans les terrains de formation moyenne, dans les terrains tertiaires et dans les terrains d'alluvion; quelquefois, comme dans l'Aveyron, le Gard, la Loire et le Pas-de-Calais, on le rencontre à l'état de fer carbonaté lithoïde dans le terrain houiller et dans les grès associés à ce terrain; rarement, comme dans l'Ariége, on le trouve associé à du fer magnétique et paraissant provenir d'un fer spathique décomposé; souvent on rencontre le minerai mélangé à l'argile, et d'autres fois, enfin, il se présente soit en amas, comme dans les Côtes-du-Nord, la Drôme et le Gard, soit en filon, comme dans ce dernier département.

Les 24 concessions de minerai d'antimoine ont ensemble 137 k. c. 69 hectares, répartis entre neuf départements. Les 20 mines de manganèse concédées se divisent entre huit départements dont l'étendue totale est de 62 k. c. 40 hectares. Les 17 concessions de mines de plomb et alquifoux ont ensemble 153 k. c. 21 hectares, répartis entre quatorze départements.

Les 24 concessions de plomb argentifère se divisent entre quatorze départements : un, le Puy-de-Dôme, en a 6 ; un autre, la Lozère, en a 4 ; deux, la Haute-Loire et le Rhône, en ont chacun 2 ; les dix autres en ont chacun une : ce sont les départements de l'Aude, du Cantal, de la Charente, de la Creuse, du Finistère, du Gard, de la Haute-Garonne, de la Manche, du Haut-Rhin et des Vosges. Ces 24 concessions ont une étendue totale de 464 k. c. 61 hectares.

Les 10 concessions de mines de cuivre existent dans six départements : 3 dans l'Hérault, sur 47 k. c. 88 hectares ; 2 dans chacun des départements des Pyrénées-Orientales et du Rhône, sur 15 k. 85 hectares ensemble dans le premier, et 186 k. c. dans le second ; et une enfin dans les trois départements des Hautes-Alpes, de l'Aveyron et de la Haute-Loire. L'étendue totale des 10 concessions réunies est de 274 k. c. 89 hectares.

Les 12 concessions de mines de cuivre, plomb et autres métaux se divisent entre sept départements et offrent une étendue totale de 260 k. c. 95 hectares.

Les 13 concessions de mines de plomb, argent, zinc et autres métaux existent dans les sept départements de l'Isère, de l'Aveyron, du Gard, de l'Ariége, de l'Aude, d'Ille-et-Vilaine et des Basses-Pyrénées ; 5 dans l'Isère,

2 dans chacun des départements de l'Aveyron et du Gard, et 1 dans les quatre derniers.

Le sel s'obtient de quatre sources différentes : des marais salants, des laveries de sable, des mines de sel gemme et des sources salées. Les marais salants et les laveries n'existent que dans les départements maritimes. En 1852, la quantité de sel extrait des marais salants a été de 3,550,785 quintaux métriques.

Eaux minérales. Les principales sources d'eaux minérales, relevées en France par l'*administration des mines*, sont réparties ainsi qu'il suit entre nos divers systèmes de montagnes :

1° Système des Pyrénées.		200
2° —	des montagnes centrales.	200
3° —	des Vosges.	80
4° —	des montagnes du N.-O.	66
5° —	des Alpes.	28
6° —	de la Corse.	12
7° —	des Ardennes.	7
8° Pays de plaines : bassin de Paris.		62
Autres bassins.		5

De Bayonne aux plaines du Roussillon, sur le versant septentrional de la chaîne des Pyrénées, c'est-à-dire dans un espace comparativement fort restreint, on compte plus de trente sources thermales. Presque toutes ces sources, dont la composition présente beaucoup d'uniformité, se rattachent au groupe des eaux sulfureuses. Près de l'axe de la chaîne des Pyrénées, se trouvent les sources qui se distinguent par la présence des sulfures ; sur les conforts méridionaux, viennent se placer latéralement celles qui contiennent des sulfates. Il n'existe qu'un petit nombre de sources minérales dans les vastes plaines de la Garonne, qui s'étendent au N. des Pyrénées.

En pénétrant dans le Vivarais et vers les provinces centrales de la France, on trouve aussi un assez grand nombre de sources.

Le groupe de l'Auvergne, embrassant les départements du Cantal, du Puy-de-Dôme et de l'Allier, n'est pas moins remarquable que celui des Pyrénées, sous le rapport du nombre et de l'uniformité de composition et du caractère chimique des eaux minérales. Ici le carbonate de soude, associé au chlorure de sodium, est le sel qui prédomine dans toutes les eaux chaudes de cette région.

Les eaux froides sont presque toutes acidules et très-chargées de gaz carbonique, les eaux thermales le sont moins, parce que leur température élevée s'oppose à ce qu'elles retiennent ce gaz en dissolution. Sur les confins de l'Auvergne, le même caractère général prédomine toujours. Les eaux chaudes y sont moins abondantes; mais l'acide carbonique et le carbonate de soude sont encore les principaux éléments minéralisateurs de ces sources.

Toutes proportions gardées, il existe peu de sources minérales dans les bassins de la basse Loire et de la Seine, qui s'étendent à l'O. vers l'océan Atlantique. A peine en existe-t-il quelques-unes qui soient thermales.

Les sels de fer avec ou sans acide carbonique, l'acide sulfurique, l'hydrogène sulfuré et le sulfate d'alumine, résument leur constitution chimique.

Au N.-O. de la France, dans la région accidentée qui compose la Vendée, la Bretagne et la basse Normandie, nous pourrions énumérer plusieurs sources, en général ferrugineuses, qui présentent dans leur composition des variations assez notables.

Vers la base occidentale des Alpes du Dauphiné, nous trouvons, en allant du midi au nord, une série de sources d'une composition particulière.

Toutes les eaux thermales sulfureuses des Pyrénées jaillissent dans le terrain primitif et à la limite de ce terrain et de celui de transition. Les eaux minérales qui sourdent dans les régions pyrénéennes peuvent être distinguées en : 1° Eaux qui naissent dans la partie élevée de la chaîne ; ces eaux jaillissent ordinairement soit du granit, soit des schistes de transition, plus rarement des calcaires métamorphiques ; elles sont toutes ou sulfureuses thermales ou ferrugineuses. 2° Eaux qui naissent dans la partie la moins élevée des montagnes ; ces dernières jaillissent ordinairement soit des ophites, soit du calcaire, soit des terrains gypseux qui avoisinent les ophites.

Les eaux sulfureuses des Pyrénées à la base de sulfure de sodium (sulfureuses naturelles) sont les plus nombreuses et les plus abondantes ; on les trouve sur presque tous les points de la chaîne : elles jaillissent le plus ordinairement du granit ou des roches schisteuses qui l'accompagnent ou du calcaire métamorphique ; presque toutes sont thermales. Ces eaux ont une réaction alcaline très-prononcée.

Les eaux à base de sulfure de calcium (sulfureuses accidentelles) naissent dans les terrains d'origine plus récente que les sulfurées sodiques ; c'est dans les terrains secondaires ou tertiaires, souvent au voisinage des dépôts de gypse : ces eaux sont habituellement froides, plus riches en principes minéralisateurs, moins alcalines que les eaux sulfurées sodiques. Ces eaux sont plus rares dans les Pyrénées que les premières.

Enfin, les eaux sulfureuses dégénérées, c'est-à-dire qui ont subi le contact de l'air et perdu leur sulfure de sodium, qui est remplacé par du sulfite, de l'hyposulfite et du sulfate de soude, sont assez nombreuses dans les Pyrénées ; elles sont alcalines comme les eaux sulfureuses naturelles. On peut les considérer comme participant aux propriétés des eaux sulfureuses et à celles des eaux salines ; elles existent principalement dans la partie orientale de la chaîne.

Les sources des Pyrénées qui ne sont pas sulfureuses, thermales ou non, sortent des terrains secondaires et de transition.

Nous trouvons aussi dans les Pyrénées des eaux minéralisées par le soufre et qui ne sont pas thermales.

Dans le centre de la France, on rencontre des masses considérables de basaltes, de porphyres, de trachytes et de tufs, constituant les buttes innombrables et les cratères des volcans éteints qui constituent ce pays. Ces masses reposent sur le granit qu'on voit çà et là au fond des vallées, et surtout à la limite occidentale de l'Auvergne.

Les eaux de *Vic*, et quelques autres qui se trouvent au pied du Cantal, sortent immédiatement du granit. Dans le département de l'Ardèche, celles de *Vals* sortent d'un granit à feldspath décomposé. Tous les sommets environnants consistent en cratères de volcans éteints et en laves épandues dans tout le Vivarais, où elles laissent quelquefois à découvert les roches fondamentales primitives. Dans la vallée de la Dordogne, les eaux du mont *Dore,* au pied du volcan de ce nom, sortent d'une fissure dans le trachyte porphyritique. La chaîne des monts Dore consiste en deux classes de roches : en dessus, le basalte, le tuf trappéen et les brèches ; en dessous, le trachyte porphyritique, visible dans les sections formées par les vallées. Dans le voisinage des sources, le trachyte passe à l'aphanite, et il est traversé par de nombreuses veines de basalte poreux ; enfin sous ces roches on rencontre le granit qui paraît à l'affleurement vers l'extrémité occidentale de la vallée de la Dordogne près de la *Bourboule*, d'où sortent six sources, dont la température moyenne est de 58° centigrades. Les sources de *Saint-Nectaire* sourdent directement d'un gneiss en voie de décomposition au pied du mont Dore. Les sommets environnants sont couverts de fragments de basalte qui s'étendent très-loin du côté oriental. La vallée même de laquelle sortent ces sources forme une espèce de bassin qui est fermé du côté de l'E. par les laves du volcan de Chambon ; à l'O. la Creuse se précipite sur une pente basaltique. Au S. de ces sources est un vaste plateau granitique qui borde à l'O. la Limagne tout entière. Plusieurs sources thermales naissent du voisinage des différents courants de laves sorties des cratères volcaniques, qui, de tous les côtés, entourent le Puy de Dôme ; on peut les suivre le long des vallées jusqu'aux plaines de la Limagne.

Saint-Alyre, qui sort d'une butte composée de débris d'aphanite, et qui tient en dissolution une quantité très-considérable de carbonate de chaux ; *Saint-Mart* et *Châtel-Guyon,* qui sourdent sous les formations volcaniques, peut-être même du granit ; *Vichy,* qui sort immédiatement d'un tuf calcaire que les eaux elles-mêmes ont déposé : sous ce dépôt, il existe une autre couche de

calcaire qui recouvre le granit. Suivant Brongniart, ces
eaux sourdent d'un calcaire alpin et du terrain houiller
associé à des poudingues porphyroïdes ; *Néris*, qui sort
du terrain houiller au milieu de roches granitiques ;
Bourbon-l'Archambault, qui vient d'un schiste de transition et d'un calcaire alpin ; enfin *Bourbon-Lancy*, dont
les sources émergent d'un terrain de transition, sur
les limites du granit, du calcaire alpin et du terrain
houiller.

Ainsi donc, en Auvergne comme dans les Pyrénées, les
sources chaudes peuvent être primitivement rapportées
au granit fondamental. Dans ces deux contrées, les sels
de soude sont les principaux ingrédients des sources,
mais dans celles des Pyrénées, le gaz prédominant est
le sulfhydrique, tandis que dans celles de l'Auvergne,
le gaz prédominant est l'acide carbonique.

Au N.-E. de la France, nous trouvons entre autres
sources fort abondantes les eaux thermales de Plom-
bières et de Luxeuil, qui sortent du granit même, sous
le psammite rouge des Vosges ; celles de *Bourbonne*, qui
s'échappent du calcaire jurassique.

Les nombreuses sources thermales du Dauphiné, de
la Savoie et du Valais, reposent en partie sur les roches
primitives de la chaîne centrale elle-même, mais en plus
grand nombre encore sur la limite des formations primitives et secondaires (1).

Nous donnons ici la température des principales sources thermales (*Patria*, 1, p. 149) :

---

(1) Herpin, *Études médicales, scientifiques et statistiques, sur les
principales sources d'eaux minérales de France*, etc.

		Chaleur.
Chaudesaigues (Cantal)	88	degrés.
Olette (Pyrénées-Orientales)	75	—
Plombières (Vosges)	68	—
Bourbonne-les-Bains (Haute-Marne)	65	—
Bagnères-de-Luchon, source Bayen (Haute-Garonne)	66,3	—
— de la grotte inférieure	56,3	—
— de la Reine	54,4	—
— de la grotte supérieure	53	—
Lamotte (Isère)	59	—
Luxeuil (Haute-Saône)	56,2	—
Pietrapola (Corse)	55	—
Saint-Laurent (Ardèche)	54,5	—
Bourbon-l'Archambault (Allier)	51,5	—
Bagnères-de-Bigorre (Hautes-Pyrénées)	51	—
Néris, les trois sources (Allier)	50,5	—
Balaruc (Hérault)	50	—
Baréges (Hautes-Pyrénées)	50	—
Aix en Savoie	47,1	—
Puits de César au mont Dore (Puy-de-Dôme)	45	—
Grand bassin à Vichy (Allier)	45	—
Digne (Basses-Alpes)	40	—
Aix (Bouches-du-Rhône)	37	—

Climat. Sur la surface très-accidentée et peu étendue de la France, la température a peu de rapports avec la lat. des lieux.

Si, par exemple, on traçait des lignes passant par les pays où l'on observe les mêmes *températures d'hiver* ou à peu près, celle des hivers très-froids (une température moyenne de — 1,84 à + 1,40) pourrait passer par Strasbourg, Mulhouse, Épinal, Saint-Dié, Pontarlier, Genève, la Grande-Chartreuse (Isère); celle des hivers froids (température de + 2 à + 3) par Metz, Nancy, Besançon, Dijon, Lyon, le Puy; celle des hivers doux (température moyenne dépassant + 4) par Cherbourg, Saint-Lô, Saint-Brieuc, Nantes, l'île d'Oléron et Bordeaux. On voit que ces zones de température sont plutôt perpendiculaires que parallèles à l'équateur, et qu'en se rapprochant de l'Océan, la température des hivers devient de plus en plus douce.

Des lignes qui toucheraient les localités ayant la même *température moyenne de l'année* passeraient : celle de 10°, à peu près selon la direction de la Seine jusqu'à Melun, se dirigeant sur Gray, Besançon et Mulhouse; celle de 11°, partant de Cherbourg, passerait à Mayenne, Chartres, Montargis, Auxerre, Mâcon et Lons-le-Saunier; celle de 12° à Brest, Vannes, Nantes, Blois, Autun, Lyon, Vienne, Viviers; ces lignes se dirigent assez directement de l'O. à l'E., mais en s'abaissant vers le S. à mesure qu'elles s'éloignent de l'Océan.

Des lignes tracées selon la *température moyenne des étés* n'auraient pas la même direction : elles s'élèveraient, au contraire, de l'O. à l'E.; celle de 18,19°, suivrait Fontenay, Tours, Orléans, Nancy; plus au S., la ligne 20° partirait de la Rochelle et s'élèverait jusqu'à Haguenau en passant par Blois, Montargis, Troyes et Metz.

Donc, lorsque l'influence des mers et celle des montagnes concourent, elles sont plus puissantes que celles de la lat.; car les lignes de chaleur, celles de froid surtout, sont plutôt en rapport avec la direction de nos rivages et des chaînes de montagnes qu'avec les parallèles. C'est seulement quand les mers et les lat. agissent dans le même sens, comme en Provence, que les zones de même température se rapprochent du parallélisme avec la lat. Ainsi Perpignan, Béziers, Arles, Marseille, Toulon se trouvent sur une ligne dont la température d'hiver est de $+$ 6 à $+$ 7, celle de l'été de $+$ 22 à $+$ 23 et celle de l'année de $+$ 14 à $+$ 15.

Il faut remarquer aussi que les zones ayant les mêmes moyennes de température pour toute l'année s'abaissent considérablement dans la région des montagnes, vers l'Auvergne et la Franche-Comté. L'influence des Vosges, du Jura, des Alpes, du Cantal, détermine dans les froids de l'hiver un accroissement qui n'est pas compensé par la chaleur des étés.

Nous donnons la température de quelques localités prises dans les différentes régions de la France, en commençant par celles où les froids sont le plus intenses.

	MOYENNES.			MINIMA.
	Hiver.	Été.	Année.	
Grande-Chartreuse.	— 1,84	+ 12,16	+ 5,50	— 26,25
Épinal.	0,40	18,30	9,50	— 25,60
Montlouis.	0,29	13,92	5,96	— 13,75
Mulhouse	+ 1	19,60	10	— 28,10
Strasbourg.	1,10	18,30	9,80	— 23,40
Saint-Dié	1,13	18	9,58	— 26,65
Pontarlier.	1,21	16	8,44	— 23,75
Gray.	1,88	18,58	10,06	— 15,60
Nancy.	2	18	10	— 26,30
Metz.	2	20	10	— 21,25
Besançon.	2,17	18,96	10,80	— 16,87
Dijon.	2,18	18,86	9,85	— 18
Le Puy.	2,28	18,80	8,88	— 19,75
Lyon.	2,30	21,11	11,80	— 18,75
Orléans.	2,61	18,70	10,78	— 15,88
Viviers.	2,67	22,46	12,97	— 8,38
Rodez.	2,74	18,57	10,94	— 15,12
Clermont-Ferrand.	2,75	18,85	11	— 18,13
Chartres.	2,84	18,62	10,38	— 19,50
Manosque.	3	28,04	14,13	— 10
Abbeville.	3	15	9,18	»
Avranches.	3,01	20	11,50	— 5,25

	MOYENNES.			MINIMA.
	Hiver.	Été.	Année.	
Paris.	+ 3,25	+ 17.80	+ 10,50	— 23,50
Rouen.	3,50	17,60	10,40	— 27,70
Lons-le-Saunier . .	3,59	19,72	11,54	— 23,75
Mende.	3,71	18,30	10,50	— »
Troyes.	3,80	19,75	11,25	— 23,75
Saint-Lô.	4,07	15,93	9,87	— 14,13
Fontenay-le-Comte.	4,13	18,92	11,25	— 17,50
La Rochelle. . . .	4,20	18,40	11,60	— 16,50
Tours.	4,20	19,70	11,65	— 15
Mayenne.	4,46	18,54	11,25	— 20
Orange	4,95	21,19	12,77	— 15
Toulouse.	5,29	20,88	12,64	— 13,80
Nantes.	5,45	21 .	13	— 15,60
Saint-Brieuc. . .	5,46	17,92	11,16	— 10
Saint-Malo. . . .	5,75	19,04	12,38	— 13,75
Avignon.	5,80	23.10	14,42	— 13
Montpellier. . . .	5,80	22	13,60	— 16,10
Pau.	5,85	20.06	13,39	— 12,30
Angers.	6	18,10	11,4	— »
Toulon.	6,10	23,40	14,40	— 1,25
Bordeaux.	6,10	20.08	12,87	— 13
Arles	6,41	23.71	14,87	— 6,20
Cherbourg. . . .	6,50	16.10	11	— 2,50
Perpignan. . . .	6,13	23.92	15,21	— 9,38
Ile d'Oléron. . .	7,17	20.38	14,63	— 6,25
Béziers.	7,43	23.23	14,67	— 7
Marseille.	7,49	21,24	14	— 17,50
Angoulême (1). . .	7,88	22.47	13,80	— »

Voies de communication. Elles forment deux catégories, selon que les communications se font par *terre* ou par *eau*.

---

(1) J. H. Magne. *Traité d'agriculture pratique et d'hygiène vétérinaire générale.*

Les voies de communication par *terre* comprennent :
1° les routes impériales et départementales ; 2° les chemins vicinaux de grande communication, d'intérêt commun et de petite communication ; 3° les chemins de fer.

Routes. Au 1er janvier 1860, d'après la statistique officielle, les routes impériales entretenues étaient au nombre de 200 et elles présentaient un développement de 35,813 k.; le développement des routes départementales entretenues était, à la même époque, de 44,910 k. ; total : 80,723 k.

Chemins vicinaux. Au 1er janvier 1859, il y avait en France 3,508 chemins vicinaux de grande communication, ayant un développement de 76,678 k. 956 m.; 4,234 chemins vicinaux d'intérêt commun, ayant un développement de 55,728 k. 351 m.; 125,505 chemins vicinaux de petite communication, ayant une longueur de 307,004 k. 732 m.; mais dans ces deux derniers nombres ne figurent pas 15 départements pour lesquels les renseignements sont encore incomplets. (*Moniteur universel* du 27 mai 1860.)

Chemins de fer. Le nombre de kilomètres exploités s'élevait au 1er octobre 1859 à 8,976. Les principales lignes de fer sont celles :

Du Nord : Paris à Saint-Valery et Boulogne, Calais, Dunkerque, Mouscron, Cambrai.

De l'Ouest : Paris à Dieppe, Fécamp, le Havre, Cherbourg, Rennes.

D'Orléans : Paris à Saint-Nazaire, Rochefort, Bordeaux, le Guettin.

Du Midi : Bordeaux à Bayonne, Cette, Tarascon.

De Lyon : Paris à Lyon, Marseille, Toulon, Roanne, Guettin, Brioude.

De l'Est : Paris à Strasbourg, Thann, Mulhouse.

Canaux. Les canaux de la France constituent un système de communications de la Méditerranée à la mer du Nord, à la Manche et à l'Océan en reliant entre eux les cinq bassins principaux dont nous avons parlé.

Communication des mers. La communication de la Méditerranée avec l'Océan se fait :

1° Par la jonction du Rhône avec la Garonne. Les canaux de jonction sont : le canal d'*Arles* au *Port-de-Bouc ;* le canal de *Beaucaire,* entre Beaucaire sur le Rhône et Aiguesmortes ; le canal de la *Radelle,* entre Aiguesmortes et l'étang de Mauguio ; le canal des *Étangs,* entre les étangs de Mauguio et de Thau ; le canal du *Midi* ou du *Languedoc,* entre Agde sur la Méditerranée et Toulouse sur la Garonne ; le canal *Latéral à la Garonne,* entre Toulouse et Castets.

2° Par la jonction du Rhône avec la Loire. Les canaux de jonction sont :

Le canal du *Centre,* entre Chalon, sur la Saône, et Digoin, sur la Loire ;

Le canal *Latéral à la Loire,* de Roanne à Briare.

La communication de la Méditerranée avec la Manche se fait par la jonction du Rhône et de la Seine au moyen du canal de *Bourgogne,* entre La-Roche-sur-Yonne et Saint-Jean-de-Losne, sur la Saône.

La communication de la Méditerranée avec la mer du Nord se fait par la jonction du Rhône au Rhin au moyen du canal de l'*Est,* entre Saint-Symphorien, sur la Saône, et Strasbourg.

Communication des bassins entre eux. La jonction de la Loire à la Seine se fait par :

Le canal de *Briare,* entre Briare, sur la Loire, et Montargis, sur le Loing ;

Le canal d'*Orléans,* entre Montargis et Orléans ;

Le canal du *Loing,* entre Montargis et Moret, sur la Seine ;

Le canal du *Nivernais,* entre Auxerre, sur l'Yonne, et Decize, sur la Loire.

La jonction de la Seine au Rhin se fait par :

Le canal *Latéral à la Marne,* entre Épernay et Vitry ;

Le canal de la *Marne au Rhin,* de Vitry-sur-Marne à Strasbourg.

La jonction de la Seine à la Meuse se fait par :

Le canal de la *Sambre à l'Oise,* entre Landrecies, sur la Sambre, et Étieux, sur un petit affluent de l'Oise ;

Le canal des *Ardennes,* entre Donchery, sur la Meuse, et Semuy, sur l'Aisne.

La jonction de la Seine à l'Escaut se fait par :

Le canal de *Saint-Quentin,* entre Chauny, sur l'Oise, et Cambrai, sur l'Escaut.

Outre les canaux dont nous venons de parler, il y en a encore un grand nombre d'autres ; les principaux sont : le canal du *Berri,* entre la Loire et le Cher, allant de Nevers à Tours ; — le canal de *Nantes à Brest,* au moyen duquel on peut, malgré le blocus des côtes, approvisionner l'arsenal de Brest en temps de guerre.

Télégraphie électrique. Au 1er janvier 1860, il y avait en exploitation, sans tenir compte du nombre de fils que comporte chaque ligne, 6,720 k. sur route, et 8,750 k. sur chemins de fer. Total : 15,680 k. La lon-

5.

gueur des fils était à la même époque de 45,000 k. (1).

Population. Le dernier recensement officiel, fa
en 1856, la porte à 36,039,364 h.; mais on peut l'évaluer aujourd'hui à 37,000,000 d'âmes, en chiffres
ronds, et en y comprenant Nice et la Savoie.

La pop. spécifique était (2) :

En 1836, de 64,12 hab. par kil. car.
  1841, de 64,87   —
  1846, de 67.09   —
  1851, de 67.46   —

Lorsqu'il fut question, en 1848 (3), de mettre en application la nouvelle loi électorale, le gouvernement dut
procéder à un classement des communes basé sur le
chiffre de la population. Il fut constaté que la France
comptait, d'après le recensement de 1846 :

431	communes ayant moins de		100 h.		
2,528	communes de	101 à	200 h. inclusivement.		
4,075	—	201 à	300	—	
4,654	—	301 à	400	—	
4,049	—	401 à	500	—	
11,908	—	501 à	1,000	—	
4,413	—	1,001 à	1,500	—	
2,100	—	1.501 à	1,999	—	
877	—	2,000 à	2,499	—	
539	—	2,500 à	2,999	—	
815	—	3,000 à	4,999	—	
275	—	5.000 à	9,999	—	
96	—	10,000 à	19,999	—	
59	—	20.000 et au-dessus.			

36,819

(1) Ce renseignement statistique nous a été donné au ministère de
l'intérieur.

(2) Legoyt, *Dict. de l'écon. polit.*, art. *Population.*

(3) *Traité de géogr. et de statist. méd.*, t. II, p. 37.

Cultes. La religion catholique romaine est la religion de la majorité de la population en France. Le recensement de 1851 a donné les chiffres suivants pour chaque culte :

Catholiques, 34,931,032 ; réformés, 480,507 ; luthériens, 267,825 ; juifs, 73,975 ; autres cultes, 26,348 ; non constatés, 3,483.

Nationalités. On comptait en France (1er janvier 1860) :

31,500,000 Français (issus des Gaulois, des Romains et des Wallons) ; 1,200,000 Allemands (dans l'Alsace, la Lorraine, etc.) ; 1,100,000 Bretons ; 240,000 Italiens (en Corse, etc.) ; 130,000 Basques ; 74,000 Juifs ; 5,000 Bohémiens ; 1,800,000 Wallons.

Gouvernement. Le gouvernement est monarchique. L'Empereur gouverne avec le concours du *Sénat*, du *Corps législatif* et du *Conseil d'État*. La nomination des membres du Sénat et du Conseil d'État est faite par l'Empereur. Les *députés* au Corps législatif sont nommés par les électeurs.

Géographie politique. La France était autrefois divisée en gouvernements. Au moment où éclata la Révolution elle comprenait trente-deux grands gouvernements et huit petits. Les trente-deux grands gouvernements étaient ceux de :

Alsace, cap. Strasbourg.

Anjou, cap. Angers.

Artois,, cap. Arras.

Aunis, cap. la Rochelle.

Auvergne, cap. Clermont.

Béarn, cap. Pau.

Berri, cap. Bourges.

Bourbonnais, cap. Moulins.

Bourgogne, cap. Dijon.

Bretagne, cap. Rennes.

Champagne, cap. Troyes.

Dauphiné, cap. Grenoble.

Flandre, cap. Lille.

Foix, cap. Foix.

Franche-Comté, cap. Besançon.

Guienne et *Gascogne*, cap. Bordeaux.

Ile-de-France, cap. Paris.

Languedoc, cap. Toulouse.

Limousin, cap. Limoges.

Lorraine, cap. Nancy.

Lyonnais, cap. Lyon.

Maine, cap. le Mans.

Marche, cap. Guéret.

Nivernais, cap. Nevers.

Normandie, cap. Rouen.

Orléanais, cap. Orléans.

Picardie, cap. Amiens.

Poitou, cap. Poitiers.

Provence, cap. Aix.

Roussillon, cap. Perpignan.

Saintonge et *Angoumois*, cap. Saintes.

Touraine, cap. Tours.

Les huit petits gouvernements étaient ceux de :

Boulogne, compris dans la Picardie.

La *Corse*.

Le *Havre*, compris dans la Normandie.

Metz et *Verdun*, compris dans la Lorraine.

Paris, compris dans l'Ile-de-France.

Saumur, compris dans l'Anjou.

Sedan, compris dans la Champagne.

Toul, compris dans la Lorraine.

Aujourd'hui la France est divisée en 89 départements; mais les divisions actuelles ne correspondent pas exactement aux anciennes divisions, qui ne comprenaient d'ailleurs pas les provinces de Nice et de Savoie.

Nous indiquons ici de quels départements chaque province était composée :

Alsace. Bas-Rhin (en partie), Haut-Rhin.

Anjou. Composé d'une partie d'Indre-et-Loire, de Maine-et-Loire, de la Mayenne, de la Sarthe et de la Vienne.

Artois. Pas-de-Calais (en partie).

Aunis. Composé d'une partie de la Charente-Inférieure et des Deux-Sèvres.

Auvergne. Cantal, Puy-de-Dôme et partie de l'Allier, de la Creuse et de la Haute-Loire.

Béarn. Basses-Pyrénées (en partie).

Berri. Composé d'une partie du Cher, de la Creuse, de l'Indre, du Loir-et-Cher, du Loiret et de la Vienne.

Bourbonnais. Composé d'une partie de l'Allier, du Cher et de Saône-et-Loire.

Bourgogne. Ain, et partie des départements de l'Aube, Côte-d'Or, Haute-Marne, Nièvre, Saône-et-Loire et Yonne.

Bretagne. Côtes-du-Nord, Finistère, Ille-et-Vilaine, Loire-Inférieure, Morbihan, Vendée (en partie).

Champagne. Ardennes, Marne, et partie de l'Aisne, de l'Aube, de la Côte-d'Or, de la Haute-Marne, de la Meuse, de Seine-et-Marne, des Vosges et de l'Yonne.

Corse. Corse.

Dauphiné. Alpes (Hautes-), Drôme, Isère.

Flandre. Nord.

Foix. Composé d'une partie de l'Ariége, de l'Aube et des Pyrénées-Orientales.

Franche-Comté. Doubs, Jura, Haute-Saône.

Guienne et Gascogne. Aveyron, Gers, Gironde, Landes, Lot, Lot-et-Garonne, Hautes-Pyrénées, et partie de l'Ariége, de la Dordogne, de la Haute-Garonne, des Basses-Pyrénées, de Tarn-et-Garonne et de la Haute-Vienne.

Ile-de-France. Seine, Seine-et-Oise, et partie de l'Aisne, de l'Eure-et-Loir, du Loiret, de l'Oise et de Seine-et-Marne.

Languedoc. Ardèche, Gard, Hérault, Lozère, Tarn, et partie de l'Ariége, de l'Aude, de la Haute-Garonne, de la Haute-Loire, des Pyrénées-Orientales et de Tarn-et-Garonne.

Limousin. Corrèze, et partie de la Dordogne et de la Haute-Vienne.

Lorraine. Meurthe, Moselle, et partie de la Meuse, du Bas-Rhin et des Vosges.

Lyonnais. Loire et Rhône.

Maine. Composé d'une partie de chacun des départements d'Eure-et-Loir, Loir-et-Cher, Mayenne, Orne et Sarthe.

Marche. Composée d'une partie de la Creuse et de la Haute-Vienne.

Nivernais. Composé d'une partie de chacun des départements du Cher, de la Côte-d'Or, de la Nièvre et de l'Yonne.

Normandie. Calvados, Eure, Manche, Orne (en partie), Seine-Inférieure.

Orléanais. Composé d'une partie de chacun des départements suivants : Eure-et-Loir, Indre-et-Loire, Loir-et-Cher, Loiret, Nièvre et Yonne.

Picardie. Somme, et partie des départements de l'Aisne, de l'Oise et du Pas-de-Calais.

Poitou. Composé d'une partie des départements de la Charente, de la Charente-Inférieure, de Maine-et-Loire, des Deux-Sèvres, de la Vendée, de la Vienne et de la Haute-Vienne.

Provence. Alpes (Basses), Bouches-du-Rhône, Var, Vaucluse.

Roussillon. Pyrénées-Orientales (en partie).

Saintonge et *Angoumois.* Composés d'une partie de la Charente, de la Charente-Inférieure et des Deux-Sèvres.

Touraine. Composée d'une partie de l'Indre, d'Indre-et-Loire et de Loir-et-Cher.

Grandes divisions territoriales actuelles.
Les principales divisions sont :
La division administrative ;
La division judiciaire ;
La division académique ;
La division militaire ;
La division maritime ;
La circonscription ecclésiastique.

Les services des finances, de l'enregistrement et des domaines, des contributions directes et indirectes, des douanes, des postes, des eaux et forêts, des ponts et chaussées, des mines, comportent aussi des divisions particulières du territoire; mais la limite de notre cadre ne nous permet pas de les indiquer.

Division administrative. Le territoire français est divisé en *départements*, qui se subdivisent en *arron-dissements ;* les arrondissements se partagent en *cantons,* et ceux-ci en *communes*. Il y a 89 départements, 370 arrondissements, 2,898 cantons et 36,826 communes (1). Chaque département est administré par un *préfet*. A la tête de chaque arrondissement est placé un *sous-préfet* (l'arrondissement du chef-lieu départemental excepté, qui est administré immédiatement par le préfet). Les communes sont administrées par des *maires*.

Les départements tirent leurs noms, en général, ou de leur situation, ou des fleuves et rivières qui les arrosent, ou des mers qui les baignent, ou des montagnes qui s'y trouvent. Les arrondissements prennent le nom de leur chef-lieu.

DÉPARTEMENTS.	CHEFS-LIEUX (1).	CHEFS-LIEUX D'ARRONDISSEMENT.
AIN. . . . . 370,919 h. (2).	*Bourg.* . . . . Long. E. 2° 53′ 28″. Lat. 46° 12′ 21″ (3). Alt. 227 m 1. 9,532 h. Patrie de l'astronome Lalande.	Belley. Gex. Nantua. Trévoux, sur la Saône.
AISNE. . . . . 555,539 h.	*Laon.* . . . . Long. E. 1° 17′ 19″. Lat. 49° 33′ 54″. Alt. 180 m 5. 8,199 h. Patrie de saint Remi.	Château-Thierry, sur la Marne. Patrie de La Fontaine. Saint-Quentin, ville très-industrieuse, sur la Somme. En 1557 les Espagnols y battirent les Français. Soissons, sur l'Aisne. Vervins.

(1) Les communes des départements formés des provinces de Nice et de Savoie ne sont pas comprises dans ce nombre.

(2) La pop. indiquée est la pop. normale ou municipale totale.

(3) La latitude de tous les chefs-lieux est septentrionale.

DÉPARTEMENTS.	CHEFS-LIEUX.	CHEFS-LIEUX D'ARRONDISSEMENT.
ALLIER. . . . . . . 352,241 h.	*Moulins.* . . . . Long. E. 0°59′46″. Lat. 46° 33′ 59″. Alt. 226ᵐ7. 16,391 h. , sur l'Allier. Patrie des maréchaux de Villars et Berwick.	Gannat. La Palisse. Montluçon, sur le Cher.
ALPES (BASSES-). . . 149,670 h.	*Digne.* . . . . Long. E. 3°54′ 4″. Lat. 44° 5′ 18″. Alt. ⸱ ᵐ. 4,046 h.	Barcelonette. Castellane. Forcalquier. Sisteron , sur la Durance.
ALPES (HAUTES-). . . 129,556 h.	*Gap.* . . . . Long. E. 3° 44′ 31″. Lat. 44° 33′ 30″. Alt. ⸱ ᵐ. 7,671 h.	Briançon , place forte, sur la Durance. Embrun , place forte, sur la Durance.
ALPES MARITIMES. . . 191,642 h. , savoir : province de Nice, 125,220 h. ; arrondissement de Grasse, 66,422 h.	*Nice.* . . . . Long. E. 4° 57′. Lat. 43° 41′. Alt. ⸱ ᵐ. 36,804 h. , port de mer. Patrie de Cassini et de Massena.	Grasse, commerce de parfumeries. Puget-Theniers.
ARDÈCHE . . . . . 385,835 h.	*Privas* . . . . Long. E. 2° 15′ 31″. Lat. 44° 44′ 11″. Alt. 322ᵐ 5. 4,804 h.	Largentière. Tournon, sur le Rhône.
ARDENNES. . . . . 322,138 h.	*Mézières.* . . . . . . Long. E. 2° 22′ 46″. Lat. 49° 45′ 43″. Alt. 171ᵐ. 3,837 h. Place forte, sur la Meuse.	Rethel. Rocroy, place forte. Condé y battit les Espagnols en 1643. Sedan, célèbre par ses draps. Place forte, sur la Meuse. Patrie de Turenne. Vouziers, place forte, sur l'Aisne.

DÉPARTEMENTS.	CHEFS-LIEUX.	CHEFS-LIEUX D'ARRONDISSEMENT.
ARIÉGE. . . . . . 251,318 h.	Foix . . . . Long. O. 0° 43′ 59″. Lat. 42° 57′ 57″. Alt. 454ᵐ 6. 4,612 h. Sur l'Ariége.	Pamiers, sur l'Ariége. Saint-Girons.
AUBE. . . . . . . 261,673 h.	Troyes . . . . Long. E. 1° 44′ 41″. Lat. 48° 18′ 3″. Alt. 110ᵐ. 30,966 h., sur la Seine. Patrie du pape Ur-bain IV et du peintre Mignard.	Arcis-sur-Aube. Bar-sur-Aube. Bar-sur-Seine. Nogent-sur-Seine.
AUDE. . . . . . . 282,833 h.	Carcassonne. . . . . Long. O. 0° 0′ 46″. Lat. 43° 12′ 54″. Alt. 103ᵐ 7. 18,028 h., sur l'Aude et le canal du Midi.	Castelnaudary, sur le canal du Midi. Limoux, sur l'Aude. Vins renommés. Narbonne, renommée par son miel.
AVEYRON. . . . . 393,890 h.	Rodez . . . . Long. O. 0° 14′ 15″. Lat. 44° 21′ 5″. Alt. 632ᵐ. 8,479 h., sur l'Avey-ron.	Espalion. Millau, sur le Tarn. Saint-Affrique. Villefranche, sur l'A-veyron.
BOUCHES-DU-RHÔNE. 473,365 h.	Marseille. . . . . . Long. E. 3° 1′ 55″. Lat. 43° 17′ 52″. Alt. 17ᵐ. 215,196 h. Port de mer, une des plus grandes places de commerce du monde; ville très-ancienne.	Aix, grand commerce d'huile d'olive. Patrie du botaniste Tourne-fort et du peintre Vanloo. Arles, sur le Rhône.
CALVADOS. . . . . 478,397 h.	Caen. . . . . Long. O. 2° 41′ 24″. Lat. 49° 11′ 14″. Alt. 25ᵐ 6. 35,618 h., sur l'Orne. Patrie des poëtes Mal-herbe et Malfilâtre.	Bayeux. Falaise. Patrie de Guil-laume le Conquérant. Lisieux. Pont-l'Évêque. Vire.

DÉPARTEMENTS.	CHEFS-LIEUX.	CHEFS-LIEUX D'ARRONDISSEMENT.
CANTAL...... 247,665 h.	*Aurillac........* Long. E. 0° 6' 22". Lat. 44° 55' 41". Alt. 622ᵐ. 9,846 h. Patrie du pape Sylvestre II.	Mauriac. Murat. Saint-Flour.
CHARENTE...... 378,721 h.	*Angoulême......* Long. O. 2° 11' 8". Lat. 45° 39' 0". Alt. 91ᵐ5. 20,848 h., sur la Charente. Fabriques de papier renommé.	Barbezieux. Cognac, sur la Charente, célèbre par ses eaux-de-vie. Confolens, sur la Vienne Ruffec.
CHARENTE-INFÉRIEURE. 474,828 h.	*La Rochelle......* Long. O. 3° 29' 41". Lat. 46° 9' 23". Alt. 8ᵐ5. 14,157 h. Port de commerce sur l'O- céan. Patrie du phy- sicien Réaumur. Sou- tint un fameux siége en 1628.	Jonzac, commerce d'eaux-de-vie. Marennes, port de mer. Rochefort, port mili- taire, sur la Charente. Saintes, sur la Charente, commerce d'eaux-de- vie. Saint-Jean d'Angely, commerce d'eaux- de-vie.
CHER....... 314,844 h.	*Bourges........* Long. E. 0° 3' 43". Lat. 47° 4' 59". Alt. 156ᵐ3. 23,167 h. Patrie de Bourdaloue et de Jac- ques Cœur.	Saint-Amand. Sancerre.
CORRÈZE..... 314,982 h.	*Tulle........* Long. O. 0° 33' 58". Lat. 45° 16' 7". Alt. 214ᵐ1. 10,263 h. sur la Cor- rèze. Manufacture d'armes.	Brives, sur la Corrèze. Ussel.

DÉPARTEMENTS.	CHEFS-LIEUX.	CHEFS-LIEUX D'ARRONDISSEMENT.
CORSE . . . . 240,183 h.	*Ajaccio.* . . . . Long. E. 6° 24′ 18″. Lat. 41° 55′ 1″. Alt. ⸱ ᵐ. 11,049 h. Port de mer. Patrie de Napoléon Iᵉʳ.	Bastia, place forte, port de mer. Calvi. Corte, place forte. Sartène.
CÔTE-D'OR . . . . 385,131 h.	*Dijon.* . . . . Long. E. 2° 41′ 55″. Lat. 47° 19′ 19″. Alt. 245ᵐ 7. 29,761 h. Patrie de saint Bernard, de Jean Sans peur et de Bossuet.	Beaune. Vins renommés. Châtillon-sur-Seine. Semur.
CÔTES-DU-NORD . . . 621,573 h.	*Saint - Brieuc.* . . . . Long. O. 5° 6′ 7″. Lat. 48° 30′ 53″. Alt. ⸱ ᵐ. 12,869 h.	Dinan, sur la Rance. Patrie de Duguesclin. Guingamp. Lannion. Loudéac.
CREUSE. . . . . . . *Guéret.* . . . . 278,889 h.	*Guéret.* . . . . Long. O. 0° 28′ 9″. Lat. 46° 10′ 17″. Alt. 445ᵐ 2. 4,506 h.	Aubusson, sur la Creuse, célèbre par ses manufactures de tapis. Bourganeuf. Boussac.
DORDOGNE. . . . . . 504,651 h.	*Périgueux.* . . . . . . Long. O. 1° 36′ 34″. Lat. 45° 11′ 4″. Alt. 97ᵐ 9. 13,291 h.	Bergerac, sur la Dordogne. Nontron. Ribérac. Sarlat. Patrie de Montaigne.
DOUBS . . . . 286,888 h.	*Besançon.* . . . . . . Long. E. 3° 41′ 56″. Lat. 47° 13′ 46″. Alt. 251ᵐ. 36,466 h., sur le Doubs. Place forte.	Baume-les-Dames. Montbéliard. Patrie de Cuvier. Pontarlier, sur le Doubs.

DÉPARTEMENTS.	CHEFS-LIEUX.	CHEFS-LIEUX D'ARRONDISSEMENT.
DRÔME. . . . . . . 324,760 h.	*Valence*. . . . . . . Long. E. 2° 33′ 18″. Lat. 44° 56′ 5″. Alt. 128ᵐ 5. 14,514 h., sur le Rhône	Die, sur la Drôme. Montélimar. Nyons.
EURE. . . . . . . 404,665 h.	*Évreux* . . . . Long. O. 1° 11′ 9″. Lat. 49° 1′ 30″. Alt. 66ᵐ 5. 10,615 h.	Les Andelys, près de la Seine. Patrie du pein- tre Poussin. Bernay. Louviers, sur l'Eure, fa- briques de draps. Pont-Audemer.
EURE-ET-LOIR . . . . 291,074 h.	*Chartres*. . . . . . . Long. O. 0° 50′ 59″. Lat. 48° 26′ 53″. Alt. 157ᵐ 7. 16,816 h., sur l'Eure.	Châteaudun, sur le Loir. Dreux. Nogent-le-Rotrou.
FINISTÈRE. . . . . . 606,552 h.	*Quimper*. . . . . . Long. O. 6° 26′ 26″. Lat. 47° 59′ 47″. Alt. 6ᵐ 4. 9,896 h.	Brest, port militaire, vaste rade. Châteaulin, sur l'Aulne. Morlaix. Quimperlé, sur le Laïta.
GARD. . . . . . . 419,697 h.	*Nîmes* . . . . Long. E. 2° 0′ 45″. Lat. 43° 50′ 36″. Alt. 46ᵐ 7. 49,291 h. Manufac- tures de soieries.	Alais, grandes mines de charbon de terre. Uzès. Le Vigan.
GARONNE (HAUTE-). . 481,247 h.	*Toulouse*. . . . . . Long. O. 0° 53′ 44″. Lat. 43° 36′ 33″. Alt. 139ᵐ 1. 92,223 h., sur la Ga- ronne.	Muret, sur la Garonne. Saint-Gaudens, près de la Garonne. Villefranche.
GERS. . . . . . . 304,497 h.	*Auch*. . . . . Long. O. 1° 45′ 8″. Lat. 43° 38′ 50″. Alt. 166ᵐ. 9,681 h., sur le Gers.	Condom. Lectoure, près du Gers. Patrie du maréchal Lannes. Lombez. Mirande.

DÉPARTEMENTS.	CHEFS-LIEUX.	CHEFS-LIEUX D'ARRONDISSEMENT.
GIRONDE . . . . . . 640,757 h.	*Bordeaux.* . . . . . . Long. O. 2° 54′ 56″. Lat. 44° 50′ 19″. Alt. 6ᵐ 6. 140,601 h., sur la Garonne. Grande place de commerce. Patrie de Montesquieu et de Berquin.	Bazas. Blaye, place forte, sur la Gironde. La Réole, sur la Garonne. Lesparre. Libourne, au confluent de la Dordogne et de l'Isle.
HÉRAULT . . . . . . 400,124 h.	*Montpellier.* . . . . . Long. E. 1° 32′ 34″. Lat. 43° 36′ 44″. Alt. 44ᵐ 3. 40,577 h. École de médecine célèbre ; commerce de vins et eaux-de-vie.	Béziers, sur le canal du Midi. Lodève. Saint-Pons.
ILLE-ET-VILAINE. . . 580,898 h.	*Rennes.* . . . . Long. O. 4° 0′ 40″. Lat. 48° 6′ 55″. Alt. 53ᵐ 6. 38,945 h., au confluent de l'Ille et de la Vilaine.	Fougères. Montfort-sur-Meu. Redon, sur la Vilaine. Saint-Malo, port de mer. Patrie de Duguay-Trouin et de Chateaubriand. Vitré.
INDRE. . . . . 273,479 h.	*Châteauroux.* . . . . . Long. O. 0° 38′ 32″. Lat. 46° 48′ 50″. Alt. 158ᵐ 3. 13,807 h., sur l'Indre.	Le Blanc, sur la Creuse. La Châtre, sur l'Indre. Issoudun.
INDRE-ET-LOIRE . . . 318,442 h.	*Tours.* . . . . Long. O. 1° 38′ 36″. Lat. 47° 23′ 46″. Alt. 55ᵐ 4. 33,204 h., sur la Loire.	Chinon, sur la Vienne. Patrie de Rabelais. Loches, sur l'Indre.

DÉPARTEMENTS.	CHEFS-LIEUX.	CHEFS-LIEUX D'ARRONDISSEMENT.
ISÈRE. . . . . 576,637 h.	*Grenoble.* . . . . . . Long. E. 3° 23' 36". Lat. 45° 11' 12". Alt. 213ᵐ. 27,184 h. Ville forte, sur l'Isère. Patrie de Bayard, de Condillac et de Mably.	Saint-Marcellin. La Tour-du-Pin. Vienne, sur le Rhône.
JURA. . . . . 296,701 h.	*Lons-le-Saunier.* . . . Long. E. 3° 13' 11". Lat. 46° 40' 28". Alt. 257ᵐ 7. 8,250 h. Salines.	Dôle, sur le Doubs. Poligny. Saint-Claude.
LANDES. . . . . . 309,832 h.	*Mont-de-Marsan.* . . . Long. O. 2° 50' 18". Lat. 43° 53' 38". Alt. 42ᵐ 8. 4,767 h., sur la Midouse.	Dax, sur l'Adour ; eaux minérales. Saint - Sever, sur l'Adour.
LOIR-ET-CHER. . . . 264,043 h.	*Blois.* . . . . Long. O. 1° 0' 3". Lat. 47° 35' 20". Alt. 102ᵐ 1. 15,378 h., sur la Loire. Patrie de Louis XII.	Romorantin. Vendôme, sur le Loir. Patrie du poëte Ronsard.
LOIRE . . . . 305,260 h.	*Saint-Étienne.* . . . . Long. E. 2° 3' 20". Lat. 45° 26' 9". Alt. 540ᵐ 4. 91,933 h. Ville industrieuse ; grande manufacture d'armes ; quincaillerie ; coutellerie.	Montbrison. Roanne, sur la Loire.
LOIRE (HAUTE-). . . 300,994 h.	*Le Puy.* . . . . Long. E. 1° 32' 55". Lat. 45° 2' 46". Alt. 685ᵐ 8. 14,428 h. Fabrique de blondes et dentelles.	Brioude, près de l'Allier. Yssengeaux.

DÉPARTEMENTS.	CHEFS-LIEUX.	CHEFS-LIEUX D'ARRONDISSEMENT.
Loire-Inférieure... 555,996 h.	*Nantes* . . . . Long. O. 3° 53′ 18″. Lat. 47° 13′ 8″. Alt. 18ᵐ 8. 101,019 h., sur la Loire. Importante par son commerce.	Ancenis, sur la Loire. Châteaubriant. Paimbœuf, port sur la Loire et près de son embouchure. Savenay.
Loiret. . . . . . 345,115 h.	*Orléans*. . . . . . . Long. O. 0° 25′ 35″. Lat. 47° 54′ 9″. Alt. 116ᵐ 3. 43,256 h., sur la Loire. Commerce de vins, de vinaigre et de bois. A soutenu deux grands siéges : en 450 contre Attila, en 1428 contre les Anglais qui furent repoussés par Jeanne d'Arc.	Gien, sur la Loire. Montargis, sur le Loing. Pithiviers.
Lot. . . . . . . 293,733 h.	*Cahors*. . . . . . . Long. O. 0° 53′ 41″. Lat. 44° 26′ 52″. Alt. 123ᵐ 5. 12,000 h., sur le Lot. Patrie du poëte Marot.	Figeac, sur la Selle. Gourdon.
Lot-et-Garonne... 340,041 h.	*Agen*. . . . . . . Long. O. 1° 43′ 6″. Lat. 44° 12′ 27″. Alt. 42ᵐ 8. 16,319 h., sur la Garonne. Pruneaux renommés.	Marmande, sur la Garonne. Nérac. Villeneuve-sur-Lot.
Lozère. . . . . . 140,819 h.	*Mende*. . . . . . . Long. E. 1° 9′ 41″. Lat. 44° 31′ 4″. Alt. 739ᵐ 5. 6,180 h., sur le Lot.	Florac. Marvejols.

DÉPARTEMENTS.	CHEFS-LIEUX.	CHEFS-LIEUX D'ARRONDISSEMENT.
MAINE-ET-LOIRE. . . 524,387 h.	*Angers.* . . . . . . Long. O. 2º 53' 34". Lat. 47º 28' 17". Alt. 47m. 45,635 h., sur le Maine. Carrières d'ardoises.	Baugé. Cholet, commerce de toiles et mouchoirs. Saumur, sur la Loire. École de cavalerie. Segré.
MANCHE. . . . . . 595,202 h.	*Saint-Lô.* . . . . . Long. O. 3º 25' 55". Lat. 49º 6' 59". Alt. 33m 1. 8,889 h.	Avranches. Cherbourg. Port militaire. Coutances. Mortain. Valognes.
MARNE. . . . . . 372,050 h.	*Châlons-sur-Marne.* . . Long. E. 2º 1' 18". Lat. 48º 57' 21". Alt. 81m 8. 14,016 h.	Epernay, sur la Marne. Grand commerce de vins. Reims, ville très-ancienne. Les rois de France y étaient sacrés. Patrie de Colbert. Sainte-Menehould. Vitry-le-François. Place forte, sur la Marne.
MARNE (HAUTE-). . . 256,512 h.	*Chaumont.* . . . . . Long. E. 2º 48' 19". Lat. 48º 6' 47". Alt. 324m. 5,991 h., sur la Marne.	Langres, fabrique de coutellerie. Vassy.
MAYENNE. . . . . . 73,841 h.	*Laval.* . . . . Long. O. 3º 6' 39". Lat. 48º 4' 7". Alt. 74m 7. 19,292 h., sur la Mayenne. Grand commerce de toiles et de fil.	Château-Gontier, sur la Mayenne. Mayenne, sur la Mayenne. Fabrique de toiles.

6

DÉPARTEMENTS.	CHEFS-LIEUX.	CHEFS-LIEUX D'ARRONDISSEMENT.
MEURTHE. . . . . . 424,373 h.	Nancy . . . . Long. E. 3° 51′ 0″. Lat. 48° 41′ 31″. Alt. 199ᵐ 6. 43,452 h. Patrie du graveur Callot.	Château-Salins. Lunéville. Sarrebourg. Toul.
MEUSE. . . . . . . 305,727 h.	Bar-le-Duc. . . . . Long. E. 2° 49′ 24″. Lat. 48° 46′ 8″. Alt. 239ᵐ 4. 13,373 h., sur l'Ornain.	Commercy, sur la Meuse Montmédy, place forte. Verdun, sur la Meuse.
MORBIHAN. . . . . 473,932 h.	Vannes. . . . . . . Long. O. 5° 5′ 42″. Lat. 47° 39′ 31″. Alt. 18ᵐ 1. 12,466 h. port de mer.	Lorient, port militaire, sur le Blavet et le Scorff. Napoléonville. Ploërmel.
MOSELLE. . . . . . 451,152 h.	Metz. . . . . Long. E. 3° 50′ 23″. Lat. 49° 7′ 14″. Alt. 177ᵐ. 44,176 h. Place forte, sur la Moselle.	Briey. Sarreguemines. Thionville, place forte.
NIÈVRE. . . . . . 326,086 h.	Nevers. . . . . . . Long. E. 0° 49′ 14″. Lat. 46° 59′ 15″. Alt. 200ᵐ 8. 18,182 h., sur la Loire. Commerce de fer et de bois.	Château-Chinon, sur l'Yonne. Grand commerce de bois. Clamecy, sur l'Yonne. Grand commerce de bois. Cosne, sur la Loire, commerce de coutellerie.
NORD . . . . 1,212,353 h.	Lille. . . . . Long. E. 0° 43′ 37″. Lat. 50° 38′ 44″. Alt. 23ᵐ 7. 71,286 h. Place forte.	Avesne, place forte. Cambrai, place forte, sur l'Escaut. Douai, place forte. Dunkerque, place forte, port de mer. Patrie de Jean Bart. Hazebrouck. Valenciennes, place forte, sur l'Escaut. Fabrique de dentelles.

DÉPARTEMENTS.	CHEFS-LIEUX.	CHEFS-LIEUX D'ARRONDISSEMENT.
OISE. . . . . 396,085 h.	*Beauvais*. . . . . . Long. O. 0° 15' 19". Lat. 49° 26' 0". Alt. 70ᵐ 7. 12,567 h. Manufacture de tapis. Défendue en 1472 par Jeanne Hachette contre les Bourguignons.	Clermont. Compiègne. Senlis. Grand commerce de grains.
ORNE. . . . . 430,127 h.	*Alençon*. . . . . . . Long. O. 2° 14' 52". Lat. 48° 25' 49". Alt. 136ᵐ. 14,684 h. Sur la Sarthe. Fabrique de dentelles.	Argentan. Domfront. Mortagne.
PAS-DE-CALAIS. . . 712,846 h.	*Arras*. . . . . . . Long. E. 0° 26' 26". Lat. 50° 17' 31". Alt. 66ᵐ 6. 21,984 h. Place forte.	Béthune, place forte. Boulogne-sur-Mer. Montreuil. Saint-Omer, place forte. Saint-Pol.
PUY-DE-DÔME. . . 590,062 h.	*Clermont*. . . . . . Long. E. 0° 44' 57". Lat. 45° 46' 46". Alt. 407ᵐ 2. 34,458 h. Patrie de Grégoire de Tours, de Pascal et de Jacques Delille.	Ambert. Issoire. Riom. Thiers. Fabrique de coutellerie et de papeterie.
PYRÉNÉES (BASSES-). 436,442 h.	*Pau*. . . . . Long. O. 2° 42' 47". Lat. 43° 17' 44". Alt 207ᵐ 3. 17,238 h. Patrie de Henri IV et de Bernadotte, roi de Suède.	Bayonne, port sur l'Adour, près de la mer. Très-commerçante. Mauléon. Oloron-Sainte-Marie Orthez.

DÉPARTEMENTS.	CHEFS-LIEUX.	CHEFS-LIEUX D'ARRONDISSEMENT.
PYRÉNÉES (HAUTES-). 245,856 h.	*Tarbes.* . . . . . . Long. O. 2° 16′ 8″. Lat. 43° 14′ 5″. Alt. 309ᵐ 4. 13,120 h., sur l'Adour.	Argelès. Bagnères, sur l'Adour. Eaux minérales célèbres.
PYRÉNÉES-ORIENTALES. 183,056 h.	*Perpignan.* . . . . . Long. E. 0° 33′ 55″. Lat. 42° 41′ 55″. Alt. 41ᵐ 8. 19,844 h., sur la Tet; place forte. Patrie d'Arago.	Ceret. Prades, sur la Tet.
RHIN (BAS-). . . . . 563,855 h.	*Strasbourg.* . . . . . Long. E. 5° 24′ 54″. Lat. 48° 34′ 57″. Alt. 144ᵐ 1. 65,120 h. Place forte sur l'Ill, près du Rhin. Patrie de Gutenberg.	Saverne. Schelestadt, place forte. Wissembourg, place forte.
RHIN (HAUT-). . . . 499,442 h.	*Colmar.* . . . . . . Long. E. 5° 1′ 20″. Lat. 48° 4′ 41″. Alt. 195ᵐ 1. 18,902 h.	Belfort, place forte. Mulhouse, sur l'Ill et le canal du Rhin au Rhône; fabrique de toiles peintes.
RHÔNE. . . . . . . 625,991 h.	*Lyon.* . . . . Long. E. 2° 29′ 10″. Lat. 45° 45′ 45″. Alt. 295ᵐ 1. 255,960 h., au confluent du Rhône et de la Saône; ville très-commerçante et très-industrieuse. Célèbre par ses soieries.	Villefranche.
SAÔNE (HAUTE-). . . 312,397 h.	*Vesoul.* . . . . . . Long. E. 3° 49′ 6″. Lat. 47° 37′ 26″. Alt. 234ᵐ 9. 6,028 h.	Gray, sur la Saône. Lure.

DÉPARTEMENTS.	CHEFS-LIEUX.	CHEFS-LIEUX D'ARRONDISSEMENT.
Saône-et-Loire . . . 575,018 h.	*Mâcon* . . . . Long. E. 2° 29′ 55″. Lat. 46° 18′ 24″. Alt. 184ᵐ 5. 15,101 h., sur la Saône. Vins renommés.	Autun. Chalon-sur-Saône. Charolles. Grand commerce de bœufs. Louhans.
Sarthe. . . . . . 467,193 h.	*Le Mans.* . . . . . Long. O. 2° 8′ 19″. Lat. 48° 0′ 35″. Alt. 76ᵐ 5. 31,162 h., sur la Sarthe.	La Flèche, sur la Loire. Prytanée militaire. Mamers. Commerce de toiles et de bestiaux. Saint-Calais.
Savoie. . . . . . 313,891 h.	*Chambéry.* . . . . . Long. E. 3° 34′. Lat. 45° 34′. Alt. 265ᵐ. 15,916 h., sur le Leysse et l'Albane. Patrie de Saint-Réal et de Vaugelas.	Albertville, qui se compose de 2 villes, l'Hôpital et Conflans. Moutiers. Saint-Jean de Maurienne.
Savoie (Haute-). . . 267,942 h.	*Annecy.* . . . . Long. E. Lat. Alt. 444ᵐ. 10,000 h., sur le lac de son nom. Ville industrieuse.	Bonneville. Saint-Julien. Thonon, près du lac de Genève.
Seine. . . . . . . 1,727,419 h.	*Paris.* . . . . Long. O. 0′ 0″. Lat. 48° 50′ 13″. Alt. 60ᵐ 6 (paré intérieur du Panthéon). 1,525,942 h., depuis l'annexion des communes suburbaines (1ᵉʳ janvier 1860). Capitale de la France. Sur la Seine.	Saint-Denis, sur la Seine. Sceaux.

DÉPARTEMENTS.	CHEFS-LIEUX.	CHEFS-LIEUX D'ARRONDISSEMENT.
Seine-Inférieure. . . 769,450 h.	*Rouen* . . . . Long. O. 1° 14' 32". Lat. 49° 26' 29". Alt. 21ᵐ 6. 94,645 h., sur la Seine; place de commerce très-importante. Patrie de Corneille.	Dieppe, port de mer ; fabrique d'ouvrages en ivoire. Patrie de Duquesne. Le Havre, port de mer ; très - commerçante. Patrie de Bernardin de Saint-Pierre et de Casimir Delavigne. Neufchâtel. Yvetot.
Seine-et-Marne . . . 341,382 h.	*Melun* . . . . Long. E. 0° 19' 10". Lat. 48° 32' 32". Alt. 69ᵐ 8. 7,050 h., sur la Seine. Patrie de Jacques Amyot.	Coulommiers. Fontainebleau. Meaux, sur la Marne. Provins. Commerce de roses et de grains.
Seine-et-Oise. . . . 484,179 h.	*Versailles* . . . . . . Long. O. 0° 12' 44". Lat. 48° 47' 56". Alt. 123ᵐ. 29,956 h. Patrie du général Hoche et du poëte Ducis.	Corbeil, sur la Seine. Commerce de grains. Étampes. Commerce de grains. Mantes, sur la Seine. Pontoise, sur l'Oise. Commerce de grains. Rambouillet.
Sèvres (Deux-). . . 327,846 h.	*Niort.* . . . . Long. O. 2° 48' 12". Lat. 46° 19' 23". Alt. 29ᵐ 2. 18,136 h., sur la Sèvre niortaise. Patrie de Mᵐᵉ de Maintenon.	Bressuire. Melle. Parthenay.
Somme. . . . . . 566,619 h.	*Amiens.* . . . . . . Long. O. 0° 2' 4". Lat. 49° 53' 43". Alt. 36ᵐ. 52,730 h., sur la Somme.	Abbeville, sur la Somme. Fabrique de draps et de toiles. Patrie du poëte Millevoye et du géographe Sanson. Doullens, place forte. Montdidier. Péronne, place forte, sur la Somme.

DÉPARTEMENTS.	CHEFS-LIEUX.	CHEFS-LIEUX D'ARRONDISSEMENT.
Tarn. . . . . 354,832 h.	*Alby.* . . . . Long. O. 0° 11' 43". Lat. 43° 55' 44". Alt. 169m. 13,024 h., sur le Tarn. Patrie de la Pérouse.	Castres. Gaillac, sur le Tarn. Lavaur.
Tarn-et-Garonne. . 234,782 h.	*Montauban* . . . . . Long. O. 0° 59' 6". Lat. 44° 1' 6". Alt. 97m 1. 23,565 h., sur le Tarn.	Castel-Sarrasin. Moissac, sur le Tarn.
Var. . . . . 305,398 h.	*Draguignan.* . . . . Long. E. 4° 7' 47". Lat. 43° 32' 24". Alt. 215m 9. 9,900 h.	Brignoles. Toulon, place forte; port militaire, sur la Méditerranée.
Vaucluse. . . . . 268,994 h.	*Avignon.* . . . . . . Long. E. 2° 28' 15". Lat. 43° 57' 13". Alt. 54m 9. 32,213 h., sur le Rhône. Patrie de Joseph Vernet.	Apt. Carpentras. Orange.
Vendée. . . . . . 389,683 h.	*Napoléon - Vendée* . . Long. O. 3° 45' 46". Lat. 46° 40' 17". Alt. 72m 7. 6,464 h.	Fontenay-le-Comte, sur la Vendée. Sables d'Olonne, port de mer.
Vienne. . . . . . 322,585 h.	*Poitiers.* . . . . Long. O. 1° 59' 51". Lat. 46° 34' 55". Alt. 118m. 26,233 h. Bataille perdue par le roi Jean contre le prince Noir en 1356.	Châtellerault, sur la Vienne. Coutellerie renommée; manufacture d'armes. Civray, sur la Charente. Loudun. Montmorillon.

DÉPARTEMENTS.	CHEFS-LIEUX.	CHEFS-LIEUX D'ARRONDISSEMENT.
VIENNE (HAUTE-)... 319,787 h.	Limoges......... Long. O. 1° 4′ 48″. Lat. 45° 49′ 52. Alt. 287ᵐ. 42,095 h., sur la Vienne. Patrie de d'Aguesseau. Fabrique de porcelaines.	Bellac. Rochechouart. Saint-Yrieix. Fabrique de porcelaines et de faïences; carrières de kaolin.
VOSGES...... 405,708 h.	Épinal......... Long. E. 4° 6′ 32″. Lat. 48° 10′ 24″. Alt. 341ᵐ 5. 10,140 h.	Mirecourt. Fabriques de dentelles et d'instruments de musique. Neufchâteau. Remiremont. Saint-Dié.
YONNE...... 368,901 h.	Auxerre....... Long. E. 1° 14′ 10″. Lat. 47° 47′ 54″. Alt. 122ᵐ. 12,723 h., sur l'Yonne. Commerce de vins.	Avallon. Joigny, sur l'Yonne. Commerce de vins. Sens, sur l'Yonne. Tonnerre. Commerce de vins.

Division judiciaire. Il y a sur le territoire continental de la France une *justice de paix* dans chaque canton, un *tribunal de première instance* dans chaque arrondissement, et 28 *cours impériales* ou *cours d'appel,* dont le ressort comprend un ou plusieurs départements.

Siéges des cours d'appel.	Départements du ressort de chaque cour.
Agen....	Gers, Lot, Lot-et-Garonne.
Aix.....	Alpes (Basses-), Alpes-Maritimes, Bouches-du-Rhône, Var.
Amiens....	Aisne, Oise, Somme.
Angers....	Maine-et-Loire, Mayenne, Sarthe.
Bastia....	Corse.
Besançon...	Doubs, Jura, Saône (Haute-).

Bordeaux. . .	Charente, Dordogne, Gironde.
Bourges. . .	Cher, Indre, Nièvre.
Caen. . . .	Calvados, Manche, Orne.
Chambéry . .	Savoie, Savoie (Haute-).
Colmar. . .	Rhin (Bas-), Rhin (Haut-).
Dijon. . . .	Côte-d'Or, Marne (Haute-), Saône-et-Loire.
Douai. . . .	Nord, Pas-de-Calais.
Grenoble. . .	Alpes (Hautes-), Drôme, Isère.
Limoges. . .	Corrèze, Creuse, Haute-Vienne.
Lyon. . . , .	Ain, Loire, Rhône.
Metz.	Ardennes, Moselle.
Montpellier. .	Aude, Aveyron, Hérault, Pyrénées-Orientales.
Nancy. . . .	Meurthe, Meuse, Vosges.
Nîmes. . . .	Ardèche, Gard, Lozère, Vaucluse.
Orléans . . .	Indre-et-Loire, Loir-et-Cher, Loiret.
Paris. . . .	Aube, Eure-et-Loir, Marne, Seine, Seine-et-Marne, Seine-et-Oise, Yonne.
Pau.	Landes, Pyrénées (Basses-), Pyrénées (Hautes-).
Poitiers . . .	Charente-Inférieure, Sèvres (Deux-), Vendée, Vienne.
Rennes. . . .	Côtes-du-Nord, Finistère, Ille-et-Vilaine, Loire-Inférieure, Morbihan.
Riom	Allier, Cantal, Loire (Haute-), Puy-de-Dôme.
Rouen. . . .	Eure, Seine-Inférieure.
Toulouse. . .	Ariége, Garonne (Haute-), Tarn, Tarn-et-Garonne.

Division académique. La France est divisée en 17 circonscriptions académiques ; chacune des académies est administrée par un *recteur,* assisté d'autant d'inspecteurs qu'il y a de départements dans le ressort académique. Un conseil académique siége au ch.-l. de chaque académie. Il veille au maintien des méthodes d'enseignement prescrites par le ministre, en conseil impérial de l'instruction publique, et qui doivent être suivies dans les écoles publiques d'instruction primaire, d'instruction secondaire ou supérieure du ressort académique.

6.

Académies.	Départements compris dans leur ressort.
Aix.	Alpes (Basses-), Alpes-Maritimes, Bouches-du-Rhône, Corse, Var, Vaucluse.
Besançon. . .	Doubs, Jura, Saône (Haute-).
Bordeaux . .	Dordogne, Gironde, Landes, Lot-et-Garonne, Pyrénées (Basses-).
Caen.	Calvados, Eure, Manche, Orne, Sarthe, Seine-Inférieure.
Chambéry . .	Savoie, Savoie (Haute-).
Clermont. . .	Allier, Cantal, Corrèze, Creuse, Loire (Haute-), Puy-de-Dôme.
Dijon	Aube, Côte-d'Or, Marne (Haute-), Nièvre, Yonne.
Douai. . . .	Aisne, Ardennes, Nord, Pas-de-Calais, Somme.
Grenoble. . .	Alpes (Hautes-), Ardèche, Drôme, Isère.
Lyon.	Ain, Loire, Rhône, Saône-et-Loire.
Montpellier. .	Aude, Gard, Hérault, Lozère, Pyrénées-Orientales.
Nancy. . . .	Meurthe, Meuse, Moselle, Vosges.
Paris	Cher, Eure-et-Loir, Loir-et-Cher, Loiret, Marne, Oise, Seine, Seine-et-Marne, Seine-et-Oise.
Poitiers . . .	Charente, Charente-Inférieure, Indre, Indre-et-Loire, Sèvres (Deux-), Vendée, Vienne, Vienne (Haute-).
Rennes. . . .	Côtes-du-Nord, Finistère, Ille-et-Vilaine, Loire-Inférieure, Maine-et-Loire, Mayenne, Morbihan.
Strasbourg. .	Rhin (Bas-), Rhin (Haut-).
Toulouse. . .	Ariége, Aveyron, Garonne (Haute-), Gers, Lot, Pyrénées (Hautes-), Tarn, Tarn-et-Garonne.

Division militaire. La France est partagée en 22 divisions militaires. Chaque division se compose d'une ou de plusieurs subdivisions. Chaque subdivision est formée, en général, d'un seul département. La subdivision est commandée par un général de brigade, la division par un général de division.

DIVISIONS.		DÉPARTEMENTS
Numéro d'ordre.	Quartier général.	compris dans chaque division.
1re	*Paris*.	Seine, Seine-et-Oise, Eure-et-Loir, Oise, Seine-et-Marne, Aube, Yonne, Loiret.
2^e	*Rouen*.	Seine-inférieure, Eure, Calvados, Orne.
3^e	*Lille*.	Nord, Pas-de-Calais, Somme.
4^e	*Châlons-sur-Marne*.	Marne, Aisne, Ardennes.
5^e	*Metz*.	Moselle, Meuse, Meurthe, Vosges.
6^e	*Strasbourg*.	Bas-Rhin, Haut-Rhin.
7^e	*Besançon*	Doubs, Haute-Marne, Jura, Haute-Saône, Côte-d'Or.
8^e	*Lyon*.	Rhône, Loire, Saône-et-Loire, Ain, Drôme, Ardèche.
9^e	*Marseille*.	Bouches-du-Rhône, Vaucluse, Var, Basses-Alpes, Alpes-Maritimes.
10^e	*Montpellier*	Hérault, Gard, Lozère, Aveyron.
11^e	*Perpignan*.	Pyrénées-Orientales, Ariége, Aude.
12^e	*Toulouse*	Haute-Garonne, Tarn, Lot, Tarn-et-Garonne.
13^e	*Bayonne*.	Basses-Pyrénées, Hautes-Pyrénées, Gers, Landes.
14^e	*Bordeaux*.	Gironde, Lot-et-Garonne, Dordogne, Charente, Charente-Inférieure.
15^e	*Nantes*	Loire-Inférieure, Maine-et-Loire, Vendée, Deux-Sèvres.
16^e	*Rennes*	Ille-et-Vilaine, Morbihan, Finistère, Côtes-du-Nord, Manche, Mayenne.
17^e	*Bastia*	Corse.
18^e	*Tours*.	Indre-et-Loire, Vienne, Loir-et-Cher, Sarthe.
19^e	*Bourges*.	Cher, Indre, Allier, Nièvre.
20^e	*Clermont-Ferrand*.	Puy-de-Dôme, Cantal, Haute-Loire.
21^e	*Limoges*.	Haute-Vienne, Creuse, Corrèze.
22^e	*Grenoble*.	Isère, Hautes-Alpes, Savoie, Haute-Savoie.

Circonscription maritime. Les côtes de France sont partagées en arrondissements ou préfectures maritimes qui se subdivisent en sous-arrondissements. Il y a 5 arrondissements maritimes et 13 sous-arrondissements, savoir :

Arrondissements.	Sous-arrondissements.
Cherbourg.	Dunkerque, le Havre, Cherbourg.
Brest.	Saint-Servan, Brest.
Lorient. . , . . .	Lorient, Nantes.
Rochefort.	Rochefort, Bordeaux, Bayonne.
Toulon	Toulon, Marseille, la Corse.

Circonscription ecclésiastique. Le territoire de la France est partagé en 86 diocèses, savoir : 17 archevêchés et 69 évêchés. Chaque diocèse est divisé en *cures* et en *succursales*. Il y a aujourd'hui 3,425 cures et 30,044 succursales (1).

ARCHEVÊCHÉS.		ÉVÊCHÉS SUFFRAGANTS.	
NOMS.	CIRCONSCRIPTIONS.	NOMS.	CIRCONSCRIPTIONS.
Aix.	Bouches – du – Rhône. . . . Moins l'arrondissement de Marseille.	*Ajaccio*. . . . *Digne*. . . . . . *Fréjus* . . . . . *Gap*. . . . . . *Marseille*. . . .	Corse. Alpes (Basses-). Var (2). Alpes (Hautes-). L'arrondissement de Marseille seulement (3).

(1) Non compris celles des provinces de Nice et de Savoie.

(2) L'évêché de *Nice*, étant suffragant de Gênes jusqu'au moment où la bulle qui devra modifier cet état de choses aura été publiée en France, ne figure pas dans ce tableau.

(3) L'évêché d'Alger est aussi suffragant d'Aix.

ARCHEVÊCHÉS.		ÉVÊCHÉS SUFFRAGANTS.	
NOMS.	CIRCONSCRIPTIONS.	NOMS.	CIRCONSCRIPTIONS.
Alby.	Tarn.	Cahors.	Lot.
		Mende	Lozère.
		Perpignan. . . .	Pyrénées - Orientales.
		Rodez.	Aveyron.
Auch.	Gers.	Aire.	Landes.
		Bayonne	Pyrénées (Basses-)
		Tarbes.	Pyrénées (Hautes-).
Avignon.	Vaucluse. . . .	Montpellier. . .	Hérault.
		Nîmes	Gard.
		Valence.	Drôme.
		Viviers.	Ardèche.
Besançon. . . .	Doubs , Saône (Haute-). . .	Belley	Ain.
		Metz.	Moselle.
		Nancy.	Meurthe.
		Saint-Dié. . . .	Vosges.
		Strasbourg . . .	Rhin (Bas-) et Rhin (Haut-).
		Verdun.	Meuse.
Bordeaux. . . .	Gironde.	Agen.	Lot-et-Garonne.
		Angoulême . . .	Charente.
		Luçon	Vendée.
		Périgueux. . . .	Dordogne.
		Poitiers.	Vienne et Deux-Sèvres.
		La Rochelle. . .	Charente - Inférieure (1).

(1) Sont aussi suffragants de Bordeaux les évêchés de *Fort-de-France* (Martinique), de la *Basse-Terre* (Guadeloupe) et de *Saint-Denis* (île de la Réunion).

ARCHEVÊCHÉS.		ÉVÊCHÉS SUFFRAGANTS.	
NOMS.	CIRCONSCRIPTIONS.	NOMS.	CIRCONSCRIPTIONS.
Bourges. . . .	Cher, Indre. . .	Clermont. . . .	Puy-de-Dôme.
		Limoges.	Haute - Vienne , Creuse.
		Le Puy.	Haute-Loire.
		Saint-Flour. . .	Cantal.
		Tulle.	Corrèze.
Cambrai. . . .	Nord.	Arras.	Pas-de-Calais.
Chambéry. . . .	Savoie, Savoie (Haute-). . .	Annecy.	Provinces du Genevois, du Chablais et du Faucigny, dans la haute Savoie.
		Moutiers en Tarentaise. . . .	Province de la Tarentaise, dans la Savoie.
		Saint - Jean de Maurienne . .	Province de Maurienne, dans la Savoie.
Lyon.	Rhône, Loire. .	Autun.	Saône-et-Loire.
		Dijon.	Côte-d'Or.
		Grenoble. . . .	Isère.
		Langres.	Marne (Haute-).
		Saint-Claude. .	Jura.
Paris.	Seine.	Blois.	Loir-et-Cher.
		Chartres	Eure-et-Loir.
		Meaux.	Seine-et-Marne.
		Orléans.	Loiret.
		Versailles. . . .	Seine-et-Oise.
Reims	Arrondissement de Reims et Ardennes. . .	Amiens.	Somme.
		Beauvais. . . .	Oise.
		Châlons-s.-Marne.	Marne, moins l'arrondissement de Reims.
		Soissons.	Aisne.

ARCHEVÊCHÉS.		ÉVÊCHÉS SUFFRAGANTS.	
NOMS.	CIRCONSCRIPTIONS.	NOMS.	CIRCONSCRIPTIONS.
Rennes	Ille-et-Vilaine. .	*Quimper*	Finistère.
		Saint Brieuc. . .	Côtes-du-Nord.
		Vannes.	Morbihan.
Rouen	Seine-Inférieure.	*Bayeux.*	Calvados.
		Coutances. . . .	Manche.
		Évreux.	Eure.
		Seez.	Orne.
Sens.	Yonne.	*Moulins.*	Allier.
		Nevers.	Nièvre.
		Troyes.	Aube.
Toulouse	Garonne (Haute-).	*Carcassonne.* . .	Aude.
		Montauban . . .	Tarn-et-Garonne.
		Pamiers.	Ariége.
Tours	Indre-et-Loire. .	*Angers.*	Maine-et-Loire.
		Laval.	Mayenne.
		Le Mans.	Sarthe.
		Nantes.	Loire-Inférieure.

POSSESSIONS HORS D'EUROPE ET COLONIES.

La France a des possessions en Asie, en Afrique, en Amérique et dans l'Océanie. Ces possessions comprennent :

En Asie : Pondichéry, Chandernagor, Karikal, Mahé, Yanaon, et un certain territoire autour de chacune de ces cinq villes.

En Afrique : l'Algérie, Gorée, le bassin du Sénégal, les îles Bourbon, Sainte-Marie, Nossibé et Mayotte.

En Amérique : Saint-Pierre et Miquelon, les Antilles françaises et la Guyane.

Dans l'Océanie : la Nouvelle-Calédonie, les îles Marquises, plus les îles Gambier, Taïti, Wallis et Foutouna, sur lesquelles la France exerce son protectorat.

CHAPITRE XVII.

ESPAGNE.

Sup. continentale : 494,555 k. c.; sup. des îles Baléares, 4,814 k. c. Total pour l'Europe, 499,369 k. c. Sup. des possessions d'outre-mer, 486,655 k. c. Total général, 986,024 k. c. Pop., recensement de 1857 : 15,454,510 h., dont 14,957,571 sur le continent. D'après une évaluation du clergé, il y aurait 16,301,851 habitants.

Situation et limites. — L'Espagne est bornée au N. par les Pyrénées et le golfe de Gascogne; à l'O. par l'océan Atlantique et le Portugal; au S. par l'océan Atlantique, le détroit de Gibraltar et la Méditerranée; à l'E. par la Méditerranée.

Les côtes de l'Espagne présentent les caps *Finistère*, *Ortégal* et *Trafalgar* dans l'Océan; les caps *Creux, Palos* et *Gata* dans la Méditerranée.

L'Espagne possède les îles *Baléares*, dans la Méditerranée : *Majorque* et *Minorque* sont les plus importantes.

Les principales chaînes de montagnes sont les *Pyré-*

nées, au N.; au centre, les monts *Ibériens*, qui se terminent par la *Sierra-Nevada*, au S. de l'Espagne.

Ce roy. est arrosé par la *Bidassoa*, affluent du golfe de Gascogne, par le *Minho*, le *Douro*, le *Tage*, la *Guadiana*, qui entrent en Portugal et se jettent dans l'océan Atlantique, par le *Guadalquivir*, tributaire du même Océan, et par la *Ségura*, le *Guadalaviar* et l'*Èbre*, tributaires de la Méditerranée.

Cultes. La religion catholique romaine est seule professée en Espagne. On compte environ 120,000 individus non catholiques dans tout le roy.

Gouvernement. — Monarchie constitutionnelle avec deux Chambres nommées *Cortès*.

Grandes divisions territoriales. Capitale. Villes principales. — L'Espagne est divisée en quatorze provinces, qui sont :

Galice, cap. *Saint-Jacques de Compostelle.* — V. pr. *la Corogne*, *le Ferrol*, ports militaires;

Asturies, cap. *Oviédo;*

Provinces Basques, cap. *Bilbao;*

Navarre, cap. *Pampelune;*

Aragon, cap. *Saragosse*, 82,189 h.;

Catalogne, cap. *Barcelone*, 252,015 h.; port de commerce très-important;

Valence, cap. *Valence*, 145,512 h.; *Alicante*, port de commerce;

Murcie, cap. *Murcie*, 109,446 h. — V. pr. *Carthagène*, port militaire;

Andalousie, cap. *Séville*, 152,000 h. — V. pr. *Cadix*, port militaire, 71,914 h.; *Cordoue*, *Malaga*, 113,050 h.; *Grenade*, 100,678 h.; *Gibraltar*, qui appartient aux Anglais;

Estramadure, cap. *Badajoz;*

Léon, cap. *Léon.* — V. pr. *Valladolid* et *Salamanque*, autrefois célèbres par leurs universités ;

Nouvelle-Castille, cap. *Madrid*, qui est en même temps capitale de la monarchie espagnole; pop. 301,660 h. — V. pr. *Tolède;*

Vieille-Castille, cap. *Burgos;*

Les *îles Baléares*, pop. 262,893 h. Cap. *Palma*, dans l'île de Mayorque. — V. pr. *Port-Mahon*, port de mer dans l'île de Minorque.

Au N. de l'Espagne, et dans une des vallées des Pyrénées de la Catalogne, se trouve la petite république d'*Andorre*, cap. *Andorre*, qui est placée sous la protection de la France et de l'Espagne.

Possessions hors d'Europe et colonies. Voir *Afrique, Amérique, Océanie.*

CHAPITRE XVIII.

PORTUGAL.

Sup. de toute la monarchie portugaise : 1,422,130 k. c., dont 100,031 pour la partie continentale du roy. et les îles adjacentes (Açores et Madère), 1,322,099 pour les colonies, d'après une évaluation qui ne peut être qu'approximative. Pop. (1854), continent : 3,499,000 h.; îles adjacentes : 345,000 h.; ensemble : 3,844,000 h.; et, en 1859, d'après M. de Vasconcellos : 3,999,000 h. (?); colonies, approximativement : 2,400,000 h. Total pour toute la monarchie, environ 6,400,000 h. (1).

Situation et limites. Le Portugal occupe la pointe S.-O. de l'Europe. Il est borné à l'O. et au S. par l'océan Atlantique ; à l'E. et au N. par l'Espagne.

On trouve sur les côtes du Portugal les caps *Roca* et *St-Vincent*. Ce roy. est arrosé par le *Minho*, le *Douro*, le *Mondégo*, le *Tage* et la *Guadiana*.

Cultes. La religion catholique est seule professée en Portugal.

Gouvernement. Monarchie constitutionnelle avec deux chambres appelées *Cortès*.

Grandes divisions territoriales. Capitales. Villes principales. Le Portugal est divisé en 6 provinces, savoir : *Entre Douro et Minho*, cap. *Braga*, 30,000 h. — V. pr. : *Oporto*, 80,000 h., vins renommés, port de commerce ; — *Tras-os-Montes*, cap. *Bragance*; — *Beira*, cap. *Coïmbre*, célèbre université ; — *Estrémadure*, cap. *Lisbonne*, 275,286 h., en même temps cap. du roy., grand port de guerre et de commerce sur le Tage ; — *Alemtejo*, cap. *Évora*; — *Algarves*, cap. *Faro*.

Possessions hors d'Europe et colonies. Voir *Asie, Afrique, Océanie*.

---

(1) *Annuaire de l'économie politique et de la statistique pour* 1860.

CHAPITRE XIX.

CONFÉDÉRATION GERMANIQUE OU ALLEMAGNE.

Sup. 630,080 k. c. Pop., sans les provinces allemandes de l'Autriche et de la Prusse, 17,638,886 h.; avec ces provinces, 43,981,897 h.; avec l'Autriche et la Prusse, 69,815,905 h.

Situation et limites. L'Allemagne occupe le centre de l'Europe. Ses limites sont : au N., la mer Baltique, le Danemarck, la mer du Nord; à l'O., la Hollande, la Belgique, le Rhin, qui la sépare de la France; au S., la Suisse, la Sardaigne, la Vénétie, l'Adriatique; à l'E., l'Autriche, la Russie, la Prusse.

Les côtes de l'Allemagne sur la Baltique sont basses et sablonneuses. On remarque dans la Baltique l'île de *Rugen*.

Les chaînes de montagnes les plus remarquables sont les monts de *Bohême*, les monts de *Moravie*, les monts des *Géants* au centre; les montagnes de la *Forêt-Noire* à l'O.; les *Alpes* au S.

L'Allemagne est arrosée par l'*Oder*, qui se jette dans la Baltique; par l'*Elbe*, le *Weser*, l'*Ems* et le *Rhin*, qui tombent dans la mer du Nord; par le *Danube*, qui est tributaire de la mer Noire.

La Confédération germanique se compose des États allemands qui ont fait alliance dans le but de garantir leur sûreté intérieure et extérieure et l'indépendance de leurs territoires respectifs. On trouve en Allemagne toutes les formes de gouvernement, la monarchie absolue, la monarchie représentative, la forme républicaine. Les affaires fédérales sont réglées dans une diète qui siége à Francfort-sur-le-Mein, et dont l'Autriche a la présidence.

Il existe en Allemagne une autre association toute commerciale appelée *Zollverein* (union douanière). Elle est formée par certains États qui ont aboli leurs douanes intérieures et ne les ont conservées que sur les frontières extérieures des pays composant le Zollverein.

Cultes. Le catholicisme est professé en majorité dans les parties méridionales de l'Allemagne ; les populations du Nord appartiennent plus particulièrement aux différentes églises protestantes.

M. Kolb, en 1860, compte :

	Catholiques.	Protestants.	Autres chrétiens.	Juifs.
Confédération germanique sans les provinces allemandes de l'Autriche et de la Prusse......	5,946,600	11,535,300	20,000	190,300
Id. avec les provinces allemandes de l'Autriche et de la Prusse.	23,455,600	20,235,400	26,7 0	454,000
Id. avec l'empire d'Autriche et le roy. de Prusse.	35,350,000	25,500,000	6,340,000	1,286,000

Grandes divisions territoriales. Capitales. Villes principales (1). La Confédération germa-

---

(1) La population est celle que donne le recensement de décembre 1858, quand il n'y a pas indication contraire.

nique comprend, d'une part, les provinces allemandes
appartenant à la Prusse (1), au Danemarck (2), à la
Hollande (3) et à l'Autriche (4); de l'autre, les États
dont le territoire est enclavé en entier dans la Confédération, et qui sont au nombre de 31, savoir :

Quatre royaumes:

Bavière. Sup. 76,174 k. c. — Pop., y compris le
Palatinat, 4,615,748 h. Cap. *Munich,* 137,095 h.,
garnison comprise, sur l'Iser; célèbre par ses établissements littéraires et scientifiques. — V. pr. *Augs-
bourg,* 43,616 h.; *Ratisbonne,* 25,856 h.; *Nürenberg,*
59,177 h.

Le *Palatinat* ou *Bavière rhénane,* situé sur la rive
gauche du Rhin, appartient à la Bavière; il a pour cap.
Spire, 11,256 h.

Hanovre. Sup. 38,456 k. c. — Pop. 1,843,976 h.
Cap. *Hanovre,* sur la Leine, 61,800 h. avec les
faubourgs. — V. pr. *Gœttingue,* université célèbre,
11,228 h.

Saxe. Sup. 14,908 k. c. — Pop. 2,122,148 h.

---

(1) La Silésie, le Brandebourg, la Poméranie, la Saxe prussienne,
la Westphalie, et la province du Rhin. La pop. de ces provinces
est de 13,513,165 h. — Les principautés de Hohenzollern-Sigmaringen et de Hohenzollern-Hechingen, dont la pop. est de 64,235 h.
Total de la pop. : 13,577,400 h.

(2) Les duchés de Holstein et de Lauenbourg. Pop. 573,003 h.
(1855).

(3) Le Limbourg hollandais et le grand-duché de Luxembourg.
Pop. 412,245 h.

(4) L'archiduché d'Autriche, le comté du Tyrol, le duché de Styrie,
les roy. d'Illyrie et de Bohême, le margraviat de Moravie, et la Silésie
autrichienne. Pop. : 12,765,611 h.

Cap. *Dresde*, 117,550 h., garnison comprise; sur l'Elbe; musée remarquable. — V. pr. *Leipzig*, sur la Pleiss; foires importantes; grand commerce de librairie; 74,209 h. *Chemnitz*, 40,500 h.

WURTEMBERG. Sup. 19,450 k. c.—Pop. 1,690,898 h. Cap. *Stuttgard*, 56,483 h.— V. pr. *Ulm*, sur le Danube, 21,853 h.

Six grands-duchés :

BADE. Sup. 15,284 k. c. — Pop. 1,335,952 h. Cap. *Carlsruhe*, 25,762 h. — V. pr. *Bade*, célèbre par ses eaux, 7,212 h.; *Manheim*, 26,915 h.

HESSE-DARMSTADT. Sup. 8,392 k. c. — Pop. 845,571 h. Cap. *Darmstadt*, 30,252 h. (1855). *Mayence*, sur le Rhin, 36,833 h. (1855).

MECKLENBOURG-SCHWERIN. Sup. 13,123 k. c.—Pop. à la fin de 1859, 541,395 h. Cap. *Schwerin*, 21,745 h. (déc. 1858).

MECKLENBOURG-STRÉLITZ. Sup. 2,717 k. c. — Pop. 99,628 h. Cap. *Strélitz*, 7,153 h.

OLDENBOURG. Sup. 61,309 k. c. — Pop.: 294,360 h. Cap. : *Oldenbourg*, 9,000 h. L'ancienne seigneurie de *Kniphausen* est enclavée dans le duché d'*Oldenbourg*.

SAXE-WEIMAR-EISENACH. Sup. 3,630 k. c. — Pop. 267,112 h. Cap. *Weimar*, 13,149 h.

Un électorat :

HESSE-CASSEL ou HESSE-ÉLECTORALE. Sup.: 9,540 k. c. — Pop. 726,739 h. Cap. *Cassel*, sur la Fulde, 36,849 h.

Sept duchés :

ANHALT-BERNBOURG. Sup. 845 k. c.—Pop. 56,031 h. Cap. *Bernbourg*, 6,500 h.

ANHALT-DESSAU-KOETHEN. Sup. 1,549 k. c. — Pop. 119,515 h. Cap. *Dessau,* 13,861 h. (1852).

BRUNSWICK. Sup. 3,718 k. c. — Pop. 273,731 h. Cap. *Brunswick,* sur l'Ocker, 37,694 h. (1852).

NASSAU. Sup. 4,752 k. c. — Pop. 439,454 h. Cap. *Wiesbaden,* 16,059 h., eaux thermales renommées.

SAXE-ALTENBOURG. Sup. 1,327 k. c. — Pop. 134,659 h. Cap. *Altenbourg,* 16,441 h.

SAXE-COBOURG-GOTHA. Sup. 2,003 k. c. — Pop. 153,879 h. Cap. *Cobourg,* 10,302 h. — V. pr. *Gotha,* 15,684 h.

SAXE-MEININGEN. Sup. 2,542 k. c. — Pop. 168,816 h. Cap. *Meiningen,* 6,886 h.

Huit principautés :

LIECHTENSTEIN. Pop. 7,150 h. Cap. *Liechtenstein.*

LIPPE-DETMOLD. Sup. 363 k. c. — Pop. 106,086 h. Cap. *Detmold,* 5,228 h.

LIPPE-SCHAUENBOURG. Pop. 30,144 h. Cap. *Buckebourg.*

REUSS-GREIZ. Pop. 39,397 h. Cap. *Greiz,* 7,000 h.

REUSS-SCHLEIZ-LOBENSTEIN-EBERSDORF. Pop. 81,806 h. Cap. *Géra,* 4,757 h.

SCHWARZBOURG-RUDOLSTADT. Pop. 70,030 h. Cap. *Rudolstadt,* 5,717 h.

SCHWARZBOURG-SONDERSHAUSEN. Pop. 62,974 h. Cap. *Sondershausen,* 5,819 h.

WALDECK. Pop. 57,550 h. Cap. *Corbach.*

Un landgraviat :

HESSE-HOMBOURG. Sup. 261 k. c. — Pop. 25,746 h. Cap. *Hombourg ;* 4,600 h., sources salées.

Quatre villes libres :

Brême, sur le Weser. Sup. 251 k. c. — Pop. en 1855 88,856 h., dont 60,087 dans la ville de Brême.

Francfort-sur-le-Mein. Importante par son commerce. Sup. 100 k. c. — Pop. en décembre 1858 79,278 h., dont 67,975 dans la ville.

Hambourg, sur l'Elbe. Une des premières places de commerce de l'Europe. Sup. 351 k. c. — Pop. 222,541 h., dont 171,796 dans la ville et ses faubourgs.

Lubeck, sur la Trave. Sup. 363 k. c.— Pop. au 1er septembre 1857 49,324 h., dont 26,672 dans la ville.

Brême, Hambourg et Lubeck sont appelées *villes hanséatiques.*

CHAPITRE XX.

PRUSSE.

Sup. 280,194 k. c. — Pop. 17,739,055 h., y compris les provinces de la Confédération germanique pour 13,577,400 h.

Situation et limites. — La Prusse se compose de deux parties principales : 1° la partie orientale, bornée au N. par la Baltique, à l'O. par le Hanovre, le Brunswick, la Hesse–Cassel; au S. par les duchés de la Saxe, le roy. de Saxe et l'Autriche; à l'E. par la Russie; 2° la partie occidentale, ou *Prusse rhénane,* bornée au N. par le Hanovre; à l'O. par la Hollande, la Belgique et le Luxembourg; au S. par la France;

7

à l'E. par la Bavière, le Nassau, la Hesse-Cassel, le Brunswick.

On remarque sur les côtes de la Prusse les lagunes nommées *Curischehaff* et *Frischehaff*; — le golfe de *Dantzig*; — les îles *Wollin*, *Usedom* et *Rugen*, qui dépendent du roy.

La Prusse est arrosée par le *Niémen*, la *Vistule*, l'*Oder*, tributaires de la Baltique, et par l'*Elbe* et le *Rhin*, qui se jettent dans la mer du Nord.

Nationalités. — En 1852, on comptait :

14,148,000 Allemands; 2,036,000 Slaves; 137,000 Lithuaniens; 10,000 descendants de Français.

Cultes. — D'après le recensement de 1858, on compte :

10,863,119 protestants; 6,618,979 catholiques; 1,331 grecs; 14,051 mennonites; 242,416 juifs; 17 mahométans.

Gouvernement. — Le gouvernement est monarchique représentatif.

Grandes divisions territoriales. Capitales. Villes principales. — La Prusse est divisée en neuf provinces, qui sont :

La *Prusse*, pop. 2,744,500 h.; cap. *Kœnigsberg*, 87,267 h. — V. pr. *Dantzig*, 76,795 h., port de mer; *Tilsitt*;

Le duché de *Posen*, pop. 1,417,155 hab.; cap. *Posen*, 47,543 h.;

La *Poméranie*, pop. 1,328,381 h.; cap. *Stettin*, 58,073 h., port de mer. — V. pr. *Stralsund*, 18,850 h. port de commerce;

Le *Brandebourg*, pop. 2,329,996 h.; cap. *Berlin*, 458,637 h., cap. de tout le royaume, sur la Sprée.

Francfort-sur-l'Oder, 34,507 h., ville commerçante. *Potsdam*, 40,686 h.;

La *Silésie*, pop. 3,269,613 h.; cap. *Breslau*, 135,661 h. — V. pr. *Glogau*, *Neiss ;*

La *Saxe*, pop. 1,910,062 h.; cap. *Magdebourg*, 82,671 h. — V. pr. *Erfurt; Wittemberg ;*

La *Westphalie*, pop. 1,566,441 h.; cap. *Munster*, 22,870 h.;

La *Province du Rhin*, qui se divise en deux parties : *Clèves* et *Berg* au N., et *Bas-Rhin* au S., pop. totale 3,108,672 h.; cap. *Coblentz*, 24,643 h. (1855), place forte au confluent de la Moselle et du Rhin. — V. pr. *Cologne*, 114,477 h.; *Aix-la-Chapelle*, 57,155 h.; *Trèves*.

La Westphalie et la Province du Rhin composent la *Prusse rhénane*.

La Prusse possède encore, depuis 1849, et par la cession qui lui en a été faite, les principautés de *Hohenzollern-Sigmaringen*, ch.-l. *Sigmaringen*, et de *Hohenzollern-Hechingen*, ch.-l. *Hechingen*, qui sont enclavées dans le roy. de Wurtemberg.

CHAPITRE XXI.

AUTRICHE.

Sup. 595,386 k. c. — Pop. (31 décembre 1857) 34,437,964 h., y compris les provinces de la Confédération germanique pour 12,765,611 h.

Situation et limites. — L'empire d'Autriche est situé au S. de l'Allemagne. Ses limites sont : au N., la Russie, la Prusse, la Saxe; à l'O., la Bavière, la

Suisse et la Sardaigne; au S., le Pò, l'Adriatique, la Turquie, la Servie, la Valachie; à l'E., la Moldavie, la Russie.

L'Adriatique forme les golfes de *Venise*, de *Trieste* et de *Fiume* ou de *Quarnero*; entre ces deux derniers golfes existe la presqu'île d'*Istrie*, qui se termine au S. par le cap *Promontore*.

L'Autriche renferme plusieurs lacs; les principaux sont : le lac de *Garde*, dans la Vénétie; les lacs *Neusiedl* et *Balaton*, dans la Hongrie.

Les principales montagnes sont : les monts de *Bohême* et de *Moravie*, au N.; les monts *Karpathes*, au N.-E.; les *Alpes Rhétiques*, *Noriques*, *Carniques* et *Juliennes* au S.

L'Autriche est arrosée au N. par le *Dniester* et la *Vistule*, qui reçoit la *Moldaw*; au centre et au S. par le *Danube*, dont les principaux affluents sont l'*Inn*, la *Salza*, l'*Ens*, la *Drave*, la *Save*, la *Marcha*, le *Waag* et la *Theiss*, qui reçoit la *Maros*; au S.-O. par le *Pô*, qui reçoit le *Mincio*, et par l'*Adige*.

Nationalités. — Czœrnig, d'après le recensement de 1851, les classe de la manière suivante :

Allemands, 7,870,719; Slaves, 14,802,751; Romans, 5,851,906, dont 2,741,100 Lombards; Magyares, 4,866,556; Arméniens, 15,996; Bohémiens, 83,769; Juifs, 706,657.

Cultes. — La religion catholique est celle de la majorité de la population. Le protestantisme est répandu dans les provinces allemandes; la religion grecque dans les provinces slaves.

D'après le dernier recensement, fait en 1857, on compte :

27,019,154 catholiques (savoir : 23,541,480 catholiques romains, 3,468,260 grecs unis et 9,413 arméniens); 2,880,460 grecs non unis et arméniens; 1,926,528 protestants réformés; 1,202,445 luthériens; 1,040,570 juifs.

Gouvernement. Monarchie absolue.

Grandes divisions territoriales. Capitales. Villes principales. L'Autriche est divisée en 18 provinces, savoir :

9 pays allemands : la Silésie, la Moravie, la Bohême, l'archiduché d'Autriche (comprenant la haute et basse Autriche et le duché de Salzbourg), le Tyrol, la Styrie, la Carinthie, la Carniole, l'Istrie (1);

8 provinces slaves : la Hongrie, la Croatie et l'Esclavonie, la Galicie, la Buckowine, la voïvodie de Serbie et le banat de Temes, la Transylvanie, les frontières militaires, la Dalmatie;

1 province italienne : la Vénétie.

Basse Autriche, 1,681,697 h., cap. *Vienne,* 476,222 h., capitale en même temps de tout l'empire;

Haute Autriche, 707,450 h., cap. *Linz,* 27,643 h.;

Salzbourg, 146,769 h., cap. *Salzbourg,* 17,239 h.;

Styrie, 1,056,773 h., cap. *Graz,* 63,176 h.;

Carinthie, 332,456 h., cap. *Klagenfurth,* 13,478 h.;

Carniole, 451,941 h., cap. *Laybach,* 20,747 h.;

Istrie, 520,978 h., cap. *Trieste,* 104,707 h., port de commerce important;

Tyrol et *Vorarlberg,* 851,016 h., cap. *Inspruck,* 14,224 h.;

Bohême, 4,705,525 h., cap. *Prague,* 142,588 h.;

Moravie, 1,867,094 h., cap. *Brünn,* 58,809 h.;

(1) Ces trois dernières provinces composent l'Illyrie.

Silésie, 443,912 h., cap. *Troppau*, 13,861 h.;

Gallicie, 4,597,470 h., cap. *Lemberg*, 70,384 h.
— V. pr. *Cracovie*, 40,086 h. (décembre 1857), cap.
autrefois de l'ancienne république de Cracovie, actuel-
lement réunie à l'Autriche; *Wieliczka*, célèbre par ses
mines de sel gemme;

Bukowine, 456,920 h., cap. *Czernowitz*, 26,345 h.;

Dalmatie, 404,499 h., cap. *Zara*, 18,526 h.;

Vénétie, 2,444,951 h., cap. *Venise*, 118,120 h.,
sur l'Adriatique. — V. pr. *Vérone*, 59,169 h., place
forte; *Padoue*, 53,598 h.;

Hongrie, 8,125,785 h., cap. *Presbourg*, 43,463 h.
— V. pr. *Pesth*, 131,705 h., et *Bude* ou *Ofen*, toutes
les deux sur le Danube.

Voïvodie de Serbie et *banat de Temes*, 1,540,049 h.,
cap. *Temeswar*, 22,507 h.;

Croatie et *Esclavonie*, 865,009 h., cap. *Agram*,
16,657 hab.;

Transylvanie, 2,172,748 h., cap. *Hermanstadt*,
18,588 h.;

Frontières militaires, 1,064,922 h. — V. pr. *Péter-
warden*, place forte; *Carlstadt*.

CHAPITRE XXII.

SUISSE, OU CONFÉDÉRATION HELVÉTIQUE.

Sup. 40,378 k. c. — Pop. 2,390,116 h. (recensement de 1850).

Situation et limites. La Suisse est bornée au N.

par la Bavière, le lac de Constance, le grand-duché
de Bade et le Rhin; à l'O. par la France; au S. par la
Sardaigne; à l'E. par le Tyrol.

La Suisse est un pays très-pittoresque, sillonné, dans
sa partie méridionale, par de hautes montagnes cou-
vertes de glaciers. On y rencontre un grand nombre de
lacs, parmi lesquels on remarque celui de *Constance*,
traversé par le Rhin. Au-dessous de ce lac se trouve la
chute du Rhin, près de Schaffhouse; le lac de *Zürich*,
celui de *Lucerne*, ou des *Quatre cantons*, celui de *Neufchâtel*, le lac *Léman* ou de *Genève*, traversé par le
Rhône, enfin les lacs *Majeur* et *Lugano*.

On remarque les montagnes du *Jura* à l'O., et les
Alpes au S. Le point culminant de la Suisse est le
Finsteraarhorn, dans les Alpes Bernoises. Son alt. est
de 4,362 mètres.

La Suisse est arrosée par le *Rhône*, le *Tessin*, l'*Inn*,
le *Rhin*, qui reçoit le *Thur* et l'*Aar*. L'Aar a pour affluents la *Reuss* et la *Limmat*.

La langue française est parlée dans les cantons voisins de la France, la langue italienne dans les cantons
du midi, et la langue allemande dans les cantons frontières de l'Allemagne.

Nationalités. On compte en Suisse environ
1,750,000 Allemands; 550,000 Français (dans les
cantons de Vaud, Genève, Neufchâtel, et dans une partie de ceux du Valais, de Fribourg et de Berne);
130,000 Italiens (dans le Tessin et une petite partie
du canton des Grisons); 45,000 Romans dans une
partie du canton des Grisons.

Cultes. Les cantons du S. et du centre sont catholiques; dans les autres la religion réformée est domi-

nante. Le recensement de 1850 donne, pour toute la Suisse : 971,840 catholiques, 1,417,754 réformés, et 3,146 juifs.

Gouvernement. Chaque canton de la Suisse a son gouvernement particulier. Mais le gouvernement de la Confédération, qui siége à Berne, appartient au pouvoir fédéral, lequel se compose du Parlement fédéral et de sept membres nommés à terme par lui, et qui sont chargés du pouvoir exécutif. Le Parlement fédéral comprend deux chambres : l'une, dite *Conseil des États*, est formée des représentants des gouvernements cantonaux ; l'autre se compose des députés élus dans chaque canton en nombre proportionnel à la population.

Grandes divisions territoriales. Capitales. Villes principales. La Suisse est divisée en 22 cantons, ainsi répartis :

6 au N. : *Soleure*, ch.-l. *Soleure ; Bâle* (1), ch.-l. *Bâle*, 27,313 hab. ; *Argovie*, ch.-l. *Aarau ; Zürich*, ch.-l. *Zürich ; Thurgovie*, ch.-l. *Frauenfeld ; Schaffhouse*, ch.-l. *Schaffhouse.* — 4 à l'O. : *Neufchâtel*, ch.-l. *Neufchâtel ; Fribourg*, ch.-l. *Fribourg ; Vaud*, ch.-l. *Lausanne ; Genève*, ch.-l. *Genève ;* 31,238 h. — 2 au S. : le *Valais*, ch.-l. *Sion ;* le *Tessin*, ch.-l. *Bellinzona.* — 4 à l'E. : les *Grisons*, ch.-l. *Coire ; Saint-Gall*, ch.-l. *Saint-Gall ; Appenzell* (2), ch.-l. *Appenzell ; Glaris*, ch.-l. *Glaris.* — 6 au centre : *Uri*, ch.-l. *Altorf ; Unterwald* (3), ch.-l. *Stanz ; Schwitz*, ch.-l. *Schwitz ; Berne*, ch.-l. *Berne*, 27,558 h. ; *Lucerne*, ch.-l. *Lucerne ; Zug*, ch.-l. *Zug.*

---

(1) Se divise en deux : Bâle ville et Bâle campagne.
(2) Se divise en deux : Appenzell extérieur et Appenzell intérieur.
(3) Se divise en deux : haut Unterwald et bas Unterwald.

CHAPITRE XXIII.

ITALIE.

Situation et limites. — La péninsule italienne s'avance en forme de botte entre le golfe de Gênes, la mer Tyrrhénienne et la Méditerranée à l'O., la mer Ionienne et le golfe Adriatique à l'E. Ses autres limites sont, au N., la Confédération germanique et les Alpes, qui la séparent de la Suisse; au N.-O., la France.

Les côtes de l'Italie ont une étendue de 1,200 lieues environ. On y remarque les golfes de *Gênes*, de *Naples*, à l'O.; de *Tarente*, au S.; de *Manfredonia* et de *Venise*, à l'E.; — le cap *Spartivento*, au S. de la Calabre, et le cap *Leuca* au S. de la terre d'Otrante.

Les détroits principaux sont les bouches de *Bonifacio*, entre les îles de Corse et de Sardaigne; le phare de *Messine*, entre la Sicile et le roy. de Naples, et le canal d'*Otrante*, qui fait communiquer la mer Ionienne et la mer Adriatique.

Les îles qui dépendent des États italiens sont : l'île de *Sardaigne*, au Piémont; l'île d'*Elbe*, à la Toscane; l'île d'*Ischia*, la *Sicile* et les *Lipari*, au royaume des Deux-Siciles.

On remarque au N. le lac de *Garde*, dans la Vénétie; les lacs *Lugano* et *Majeur*, dans la Lombardie.

Les *Alpes* séparent l'Italie de la France, de la Suisse et d'une partie du Tyrol; les *Apennins* la parcourent dans toute sa longueur.

7.

Les principaux volcans sont le *Vésuve*, près de Naples, et l'*Etna*, en Sicile.

La péninsule italienne est arrosée : 1° par le *Pô*, qui se jette dans l'Adriatique après avoir reçu le *Tessin*, l'*Adda*, le *Mincio*, le *Tanaro* et la *Trébie*; 2° par l'*Adige*, la *Brenta*, la *Piave*, le *Tagliamento* et l'*Ofanto*, tributaires de l'Adriatique; 3° par le *Vulturno*, le *Garigliano*, le *Tibre* et l'*Arno*, qui sont des affluents de la mer Tyrrhénienne.

Nationalités. D'après l'*Annuario statistico italiano* (1858), il y a en Italie : 24,463,145 Italiens; 351,805 Frioulais; 88,410 Albanais; 41,044 juifs; 29,676 Slaves; 23,350 Grecs; 19,084 Allemands; 8,500 Espagnols; 1,000 Arméniens; 390 Bohémiens.

Total, 25,651,904.

Cultes. Les Italiens sont catholiques. On évalue à 100,000 le nombre des protestants qui sont en Italie, et celui des juifs à 42,000 environ.

Grandes divisions territoriales. Capitales. Villes principales. L'Italie contient aujourd'hui (1) 4 États, qui sont :

Le roy. de Sardaigne, comprenant la Lombardie, qui lui a été donnée par la France en 1859, et les duchés de Parme, de Modène, le grand-duché de Toscane et les Romagnes, qui lui ont été annexées en 1860;

La Vénétie, qui appartient à l'Autriche;

Les États de l'Église, ou États romains;

Le roy. de Naples, ou des Deux-Siciles.

(1) Juin 1860.

SARDAIGNE OU PIÉMONT.

Sup. 144,025 k. c., sans Nice et la Savoie, mais y compris la Lombardie, Modène, Parme, la Toscane et les Romagnes. — Pop. 11,112,358 h.

Monarchie constitutionnelle représentative.

Le roy. de Sardaigne est situé au N.-O. de l'Italie. Il se compose : 1° Du *roy. de Sardaigne* proprement dit. Sup. 50,760 k. Pop. 3,883,207 h. (1857). Cap. *Turin*, 136,849 h. Cap. en même temps de tout le roy., sur le Pô. — V. pr. *Gênes*, 100,382 h., port de mer. *Alexandrie*, 41,653 h., place forte ;

2° De *l'île de Sardaigne*. Sup. 24,697 k. c. avec les îles voisines. Pop. 577,282 h. Cap. *Cagliari*, 27,140 h., port de mer au fond du golfe de Cagliari, place forte ;

3° De la *Lombardie*. Sup. 24,695 k. c. Pop. environ 2,726,000 h. Cap. *Milan*, 186,685 h. — V. pr. *Bergame*, 35,803 h. *Crémone*, 30,375 h. *Pavie*, 25,852 h.;

4° Du *duché de Modène*. Sup. 6,036 k. c. — Pop. à la fin de 1857, 604,512 h. Cap. *Modène*, 31,052 h.;

5° Du *duché de Parme*. Sup. 5,872 k. c. — Pop. en 1857, 499,835 h. Cap. *Parme*, 44,758 h. — V. pr. *Plaisance*, 29,955 h., place forte. *Guastalla ;*

6° Du *grand-duché de Toscane*. Sup. 22,345 k. c. — Pop. en 1859, 1,806,940 h. Cap. *Florence*, 114,081 h. (1858), sur l'Arno. — V. pr. *Livourne*, 79,891 h. (1858); port de commerce. *Pise*, 22,892 h. (1858). *Lucques*, 21,764 h. (1858). *Sienne*, 22,598 h. (1858);

7° Des 4 provinces composant les *Romagnes,* qui ont été annexées au roy. de Sardaigne, savoir : 1° *Bologne,* pop. 375,631 h., ch.-l. *Bologne,* 80,000 h. ; — 2° *Ferrare,* pop. 244,524 h., ch.-l. *Ferrare,* 25,586 h. ; — 3° *Forli,* pop. 218,433 h., ch.-l. *Forli;* — 4° *Ravenne,* pop. 175,994 h., ch.-l. *Ravenne,* 26,000 h.

VÉNÉTIE.

La Vénétie est une province autrichienne qui occupe le N.-E. de l'Italie, sur les bords de la mer Adriatique. Sa sup. est de 24,695 k. c., et sa pop. de 2,444,951 h. Elle a, comme nous l'avons dit, *Venise* pour cap.

ÉTATS DE L'ÉGLISE OU ÉTATS ROMAINS.

Sup. 41,295 k. c. — Pop. (recensement de 1858) : 2,110,086 h., déduction faite de la pop. des provinces annexées à la Sardaigne.

Les États romains sont baignés par l'Adriatique et la Méditerranée ; ils occupent la partie centrale de l'Italie. Les habitants sont catholiques. Les juifs y sont au nombre de 9,237.

Grandes divisions territoriales. Capitale. Villes principales. Les États romains, depuis l'annexion des Romagnes à la Sardaigne, ne comptent que seize provinces, savoir :

	Pop.	
Comarque de Rome.	326,509 —	ch.-l. *Rome,* 185,329 h., cap. des États de l'Église, métropole du catholicisme, résidence du Pape, ville ancienne et célèbre sur le Tibre.
Légations.		
Urbino et Pesaro. .	237,751 —	ch.-l. *Urbino,* 14,000 h.
Velletri	62,013 —	ch.-l. *Velletri.*

Délégations.

	Pop.	
Ancône	178,519	— ch.-l. *Ancône*, 36,000, place forte et port de mer sur l'Adriatique.
Macerata	243,104	— ch.-l. *Macerata*.
Camerino	42,991	— ch.-l. *Camerino*.
Fermo	110,321	— ch.-l. *Fermo*.
Ascoli	91,916	— ch.-l. *Ascoli*.
Pérouse	234,533	— ch.-l. *Pérouse*, 20,000 h.
Spolète	134,939	— ch.-l. *Spolète*.
Rieti	73,683	— ch.-l. *Rieti*.
Viterbe	128,324	— ch.-l. *Viterbe*, 13,000 h.
Orvieto	29,047	— ch.-l. *Orvieto*.
Frosinone	154,559	— ch.-l. *Frosinone*.
Civita-Vecchia	20,701	— ch.-l. *Civita-Vecchia*, 10,000 h.; port sur la Méditerranée.
Bénévent	23,176	— ch.-l. *Bénévent*, 15,000 h. La principauté de Bénévent est enclavée dans le roy. de Naples.

Le territoire de *Ponte-Corvo*, enclavé dans ce même roy., appartient aussi aux États romains.

Le Pape exerce son protectorat sur la petite république de *Saint-Marin*, cap. *Saint-Marin*, située entre Césena, Rimini et Urbino.

ROYAUME DE NAPLES OU DES DEUX-SICILES.

Sup. 104,550 k. c. — Pop. en 1856, 9,117,050 h., dont 2,231,021 pour la Sicile.

Ce roy. occupe la partie méridionale de l'Italie. Il est divisé en vingt-deux provinces. Sa capitale est *Naples*, 413,920 h., port sur la Méditerranée. — V. pr. *Capoue, Gaëte, Salerne, Bari, Otrante, Tarente;* et dans la Sicile : *Palerme*, cap., 184,541 h., port de mer. *Messine*, 95,822 h., place de guerre et port militaire. *Catane*, 56,515 h., port de mer. *Modica*, 28,087 h. *Trapani*, 27,286 h., port de mer, ville forte. *Marsala*,

25,706 h., port de mer. *Girgenti*, 18,828 h. *Syra-
cuse*, 18,802 h., port de mer.

CHAPITRE XXIV.

EMPIRE OTTOMAN OU TURQUIE.

Sup. des possessions directes, 2,085,596 k. c.
— Pop. des possessions immédiates, 10,500,000 h.,
et avec les Principautés danubiennes et la Servie,
15,700,000 h. Si on y ajoute les possessions de l'Asie
et de l'Afrique, la pop. totale est de 38,000,000 d'âmes.

Situation et limites. La Turquie d'Europe, en y
comprenant les Principautés danubiennes et la Servie,
est bornée au N. par la Russie et l'Autriche; à l'O. par
l'Autriche, l'Adriatique et la mer Ionienne; au S. par
la Grèce et la mer de l'Archipel; à l'E. par le dét. des
Dardanelles, la mer de Marmara, le canal de Constantinople et la mer Noire.

Les côtes de la Turquie, sur la mer de l'Archipel,
présentent de nombreuses échancrures; on y remarque la
presqu'île de *Gallipoli*, et les golfes de *Contessa* ou d'*Or-
phano*, de *Monte-Santo*, de *Cassandre* et de *Salonique*.

Les principales îles qui dépendent de la Turquie
sont : *Samothrace*, *Lemnos* et *Imbro*, dans l'Archipel;
Candie, ancienne île de Crète, dans la Méditerranée.

Les principales chaînes de montagnes sont : les *Alpes
Dinariques*, au N.-O.; les *Alpes Helléniques*, au S., et
les *Balkans*, au centre.

La Turquie est arrosée par le *Vardar*, par la *Maritza* et par le *Danube*, qui reçoit la *Save*, la *Morava*,
l'*Iskar*, l'*Aluta*, le *Sereth* et le *Pruth*.

Nationalités. Elles s'établissent ainsi dans les possessions immédiates, suivant M. Kolb :

	EUROPE.	ASIE.	TOTAL.
Ottomans	2,100,000	10.700,000	12.800,000
Grecs	1,000,000	1,000,000	2,000,000
Arméniens	400,000	2,000,000	2,400,000
Juifs	70,000	80,000	150,000
Slaves	6,200,000	» »	6,200,000
Romans	4,000,000	» »	4,000,000
Albanais	1,500,000	» »	1,500,000
Tartares	16,000	20,000	36,000
Arabes	» »	900,000	4,700,000 (1)
Syriens et Chaldéens .	» »	235,000	235,000
Druses	» »	30,000	30,000
Kurdes	» »	1,000,000	1,000,000
Turcomans	» »	85,000	85,000
Bohémiens	214,000	» »	214,000

Cultes. Les Turcs professent l'islamisme et ils appartiennent généralement à la secte d'Omar. La pop. pour chaque culte se décompose ainsi, d'après M. Kolb :

	EUROPE.	ASIE.	TOTAL.
Musulmans	4,350,000	12.650,000	21,000,000 (2)
Grecs non catholiques et Arméniens . . .	10,000,000	3,000,000	13,000,000
Catholiques (3)	640,000	260,000	900,000
Juifs	70,000	80,000	150,000

(1) Égypte comprise.

(2) Y compris ceux de l'Égypte.

(3) Y compris les Grecs, Arméniens, Syriens et Chaldéens unis et les Maronites. Les catholiques romains figurent pour 640,000 âmes, et les Maronites pour 140,000 dans le chiffre total.

Gouvernement. Monarchie absolue.

Grandes divisions territoriales. Capitales. Villes principales. La Turquie est divisée en sept provinces, savoir :

La *Romélie*, cap. *Constantinople*, 715,300 h., cap. de tout l'empire, sur le Bosphore. — V. pr. *Andrinople*, 140,000 h., sur la Maritza. *Salonique*, 70,000 h., port de mer. *Gallipoli*, 50,000 h., port de mer ;

La *Bulgarie*, cap. *Silistrie*, place forte sur le Danube. — V. pr. *Varna*, port sur la mer Noire ;

La *Thessalie*, cap. *Larisse ;*

L'*Albanie*, cap. *Scutari*. — V. pr. *Janina ;*

Le *Monténégro*, 125,000 h., cap. *Cettinge ;*

La *Bosnie*, cap. *Traunick ;*

L'île de *Candie*, cap. *Candie*, place forte sur la Méditerranée. — V. pr. La *Canée*, place forte, port de mer.

Possessions hors d'Europe. Voir *Turquie d'Asie, Arabie, Égypte, Tripoli, Tunis*.

La SERVIE, qui dépendait autrefois de l'empire ottoman, est située au N.-O. de la Turquie d'Europe. Sa pop. était, en 1854, de 985,000 h.; cap. *Belgrade*, 14,600 h.

Les PROVINCES DANUBIENNES sont situées au N. et N.-E. de la Turquie d'Europe. Elles se composent : 1° de la *Valachie*, pop. (1854) 2,600,000 h.; cap. *Bukharest*, 100,000 h.; — 2° de la *Moldavie*, pop. (1854), 1,600,000 h., dont 120,000 Bohémiens environ; cap. *Jassy*, 50,000 h. — V. pr. *Galatz*, port de commerce sur le Danube.

Ces trois dernières provinces sont tributaires de la Turquie.

CHAPITRE XXV.

GRÈCE.

Sup. 49,167 k. c. — Pop. (1858), 1,067,216 h.

Situation et limites. Le roy. de Grèce occupe la pointe méridionale de la péninsule turco-hellénique. Il est borné au N. par la Turquie; à l'O. par la mer Ionienne; au S. par la Méditerranée; à l'E. par la mer de l'Archipel.

Les côtes de la Grèce sont coupées d'un grand nombre de golfes; on remarque ceux d'*Arta*, de *Lépante*, de *Patras*, de *Coron*, de *Nauplie* et d'*Athènes*. — Le cap *Matapan* est à l'extrémité S. de la Grèce.

Les principales îles qui dépendent de ce roy. sont *Négrepont* et les *Cyclades*, parmi lesquelles *Naxos* et *Andro* sont les plus importantes.

Les *Alpes Helléniques* forment la chaîne de montagnes principale de la Grèce; on y remarque le mont *Parnasse*. La Grèce est arrosée par l'*Aspropotamo* (ancien Achéloüs), le *Roufia* (l'Alphée), le *Vasili-Potamo* (Eurotas) et l'*Hellada*.

Nationalités. On compte 700,000 Grecs, 280,000 Albanais, 20 à 30,000 Arméniens.

Cultes. Le roy. de Grèce renferme 1,000,000 de Grecs non unis, 30,000 catholiques et 500 juifs environ.

Gouvernement. Monarchie constitutionnelle.

Grandes divisions territoriales. Capitale.

Villes principales. Ce roy. se compose de la province de *Grèce* ou *Hellade*, de la *Morée* et de l'archipel des *Cyclades*. Il est divisé en dix *nomes* ou départements, subdivisés en quarante-neuf *heptarchies*. — Il a pour cap. *Athènes*, dont la pop., qui était de 31,125 h. en 1851, est évaluée, pour 1859 à 50,000 h., y compris le *Pirée*, port de mer. — V. pr. *Hydra*, ville commerçante, port de mer, dans l'île d'Hydra. *Négrepont*, place forte, port dans l'île de Négrepont. *Syra* ou *Hermopolis*, port dans l'île de Syra, très-commerçante. *Corinthe*, place forte, port de mer.

CHAPITRE XXVI.

RUSSIE.

Sup. : 5,450,149 k. c. — Pop., Russie d'Europe : 63,932,081 h., y compris la Pologne; possessions russes en Asie : 7,300,812 h.; possessions russes en Amérique : 10,723 h. Total : 71,243,616 h. (Kolb, 1860).

La pop. actuelle comprise dans le territoire de l'ancienne Pologne s'établit ainsi : pour la partie russe, 15,767,000 âmes; pour la partie autrichienne, 4,913,000 âmes; pour la partie prussienne, 2,598,000 âmes. Total : 23,278,000 h.

Situation et limites. La Russie occupe la partie orientale de l'Europe. Elle est bornée au N. par l'océan Glacial arctique; à l'O. par la Tana, la Tornéa, les golfes de Bothnie et de Finlande, la Baltique, la Prusse, l'Autriche, la Moldavie; au S. par la mer Noire, la mer d'Azof, le Caucase, la mer Caspienne; à l'E. par le fleuve Oural et les monts Ourals.

La Russie est un pays généralement plat. — L'océan Glacial forme sur ses côtes la mer *Blanche*, dans laquelle on remarque les golfes *Mezen*, d'*Arkhangel*, d'*Onéga* et *Kandalaskaïa*. La mer Baltique forme les golfes de *Bothnie*, de *Finlande* et de *Riga*. — La mer Noire et la mer d'Azof communiquent par le dét. d'*Ienikalé;* on remarque entre ces deux mers la presqu'île de *Crimée*.

Les îles *Dago* et *OEsel*, à l'entrée du golfe de Riga, l'archipel d'*Abo*, au S.-O. de la Finlande, et l'archipel d'*Aland*, à l'entrée du golfe de Bothnie, appartiennent à la Russie.

Les principales chaînes de montagnes sont : les monts *Ourals* au N.-E., et le *Caucase* au S.-E.

La Russie est arrosée par la *Kara*, la *Petchora* et la *Tana*, affluents de l'océan Glacial arctique; la *Dwina septentrionale*, tributaire de la mer Blanche; la *Tornea*, qui tombe dans le golfe de *Bothnie;* la *Neva*, affluent du golfe de Finlande; la *Dwina méridionale*, qui se rend dans le golfe de Riga; le *Niemen* et la *Vistule*, tributaires de la Baltique; le *Dniester*, le *Dnieper*, affluents de la mer Noire; le *Don*, tributaire de la mer d'Azof; le *Wolga* et l'*Oural*, qui se jettent dans la mer Caspienne.

Nationalités. D'après une estimation qui paraît fort exacte, on compte 33,000,000 de Grands-Russes; 11,200,000 Ruthènes ou Petits-Russes; 3,600,000 Russes de la Russie-Blanche; 7,000,000 de Lithuaniens et Polonais; 3,300,000 Finnois et Lettons; 2,400,000 Tartares; 600,000 Allemands; 2,000,000 de Grousiens ou Géorgiens et Arméniens; 1,500,000

juifs ; 600,000 âmes des tribus de l'Oural. Total :
65,200,000.

Cultes. La religion grecque (dissidente de la religion catholique romaine) est la religion du peuple russe.

La pop. est ainsi répartie par cultes : 50,000,000 de
Grecs (non unis); 6,500,000 catholiques; 2,000,000
de protestants ; 1,500,000 juifs; 1,000,000 environ
d'Arméniens ; 2,000,000 de mahométans ; 2,000,000
environ d'idolâtres. — En 1856 on ne comptait plus dans
le roy. de Pologne que 3,607,313 catholiques; en dix
ans leur nombre avait diminué de 187,574. Par contre,
le nombre des juifs, qui en 1850 était de 554,984,
s'était élevé en 1858 à 571,678.

Gouvernement. Monarchie absolue.

**Grandes divisions territoriales. Capitales.
Villes principales.** La Russie d'Europe se compose
de deux parties principales : la *Russie* proprement dite,
qui est divisée en 59 gouvernements, et la Pologne,
qui en forme 5. Elle a pour cap. *Saint-Pétersbourg,*
532,241 h. sur la Neva. — V. pr. *Moscou,* 373,800 h.,
seconde cap., ville manufacturière, incendiée en 1812
et rebâtie ensuite avec plus de régularité. *Varsovie,*
156,072 h., cap. de la Pologne, sur la Vistule. *Riga,*
57,906 h., sur le golfe du même nom, importante par
son commerce. *Odessa,* 71,393 h., sur la mer Noire,
très-commerçante. *Kazan,* entrepôt du commerce de la
Russie et de la Sibérie. *Astrakan,* à l'embouchure du
Wolga, très-commerçante. *Tula,* 54,626 h. *Wilna.*
Sébastopol, dans la Crimée, rendue célèbre par le siége
que les Français et les Anglais en ont fait en 1854 et 1855.

Possessions hors d'Europe et colonies. Voir
Asie (Transcaucasie et Sibérie), *Amérique.*

CHAPITRE XXVII.

DESCRIPTION PHYSIQUE DE L'ASIE.

Sup. 46,000,000 k. c. — Pop. 735,000,000 h.

Situation. L'Asie occupe le N.-E. de l'ancien continent. Elle est située entre les 23° 45′ et 188° 9′40″ de long. O., et les 1° 15′ et 78° de lat. N.

Limites. Elle est bornée au N. par l'océan Glacial arctique ; à l'O. par les monts Ourals, le fleuve Oural, la mer Caspienne, le Caucase, la mer Noire, le canal de Constantinople, la mer de Marmara, le dét. des Dardanelles, la mer Méditerranée, l'isthme de Suez et la mer Rouge ; au S. par l'océan Indien ; à l'E. par le grand Océan.

Étendue. L'Asie a 10,700 k. dans sa plus grande longueur du cap Oriental au N.-E. au cap Bab-el-Mandeb au S.-O., et 8,200 k. de l'embouchure de la Kara au N.-O. au cap. Cambodje au S.-E.

Mers. L'océan Glacial arctique forme au N. la mer de Kara ; à l'E. le grand Océan forme la mer de *Chine,* la mer *Orientale,* la mer *Jaune,* la mer du *Japon* et la mer de *Behring.*

Golfes. On remarque dans l'océan Glacial arctique les golfes d'*Ienissei* et d'*Obi ;* dans la mer Rouge le golfe de *Suez ;* dans l'océan Indien le golfe d'*Oman,* le golfe *Persique,* le golfe du *Bengale ;* dans le grand Océan les golfes de *Siam,* de *Tonquin,* de *Petcheli,* d'*Okhotsk* et d'*Anadir.*

Caps. Les caps principaux sont : le cap *Sewero-Vostochnoï* ou *Sacré* dans l'océan Glacial arctique ; le cap *Ras-al-Gat* dans le golfe d'Oman ; le cap *Comorin* au S. de l'Hindoustan ; les caps *Bourou* et *Romania* au S. de la presqu'île de Malacca ; le cap *Cambodje* dans la mer de Chine ; le cap *Lopatka* à la pointe S. du Kamtchatka, et le cap *Oriental* dans le détroit de Behring.

Détroits. Les principaux détroits sont : le canal de *Constantinople* et le dét. des *Dardanelles*, entre la Turquie d'Asie et la Turquie d'Europe ; le dét. de *Bab-el-Mandeb* entre l'Afrique et l'Asie ; il réunit la mer Rouge et l'océan Indien ; le dét. d'*Ormuz*, qui fait communiquer le golfe Persique et l'océan Indien ; le dét. de *Malacca*, entre la presqu'île de ce nom et l'île de *Sumatra*; le dét. de *Formose*, entre la Chine et l'île de Formose ; le dét. de *Corée*, entre la presqu'île de ce nom et l'archipel du Japon ; la manche de *Tartarie*, entre la Chine et l'île de Tarakaï ou Saghalien ; le dét. de *la Pérouse*, entre cette île et l'île Jesso ; le dét. de *Behring*, entre l'Asie et l'Amérique.

Presqu'îles. Les principales sont : à l'O., l'*Asie Mineure*, entre la mer Noire, la mer de l'Archipel et la Méditerranée ; au S.-O. l'*Arabie*, entre la mer Rouge, le golfe d'Oman et le golfe Persique ; au S. l'*Hindoustan*, entre le golfe d'Oman, l'océan Indien et le golfe du Bengale ; l'*Indo-Chine*, qui elle-même se termine par la presqu'île de *Malacca*, entre les golfes du Bengale et de Siam et la mer de Chine ; à l'E., la presqu'île de *Corée*, entre la mer Jaune et la mer du Japon ; au N.-E. le *Kamtchatka*, entre le golfe d'Okhotsk et la mer de Behring.

Isthmes. Les principaux isthmes sont : l'isthme de

Suez, qui réunit l'Asie à l'Afrique, et l'isthme de *Kraw*, qui réunit la presqu'île de Malacca à l'Indo-Chine.

Iles. Les principales îles sont : dans l'océan Glacial arctique, la *Nouvelle-Sibérie* ou îles *Liakov;* dans la Méditerranée, les îles de *Chypre*, de *Rhodes*, de *Samos* et de *Mételin;* dans l'océan Indien, les archipels des *Laquedives* et des *Maldives*, l'île de *Ceylan;* dans le golfe du Bengale, les îles *Andaman,* les îles *Nicobar;* dans la mer de Chine, l'île *Haynan* et l'île *Formose;* l'archipel de *Corée*, dans la mer de ce nom ; dans le grand Océan, l'archipel du *Japon,* dont la principale est à *Niphon;* à l'entrée du golfe d'Okhotsk, l'île *Tarakaï* ou *Sagha-lien* et l'archipel des *Kuriles.*

Lacs. L'Asie renferme plusieurs lacs ; les plus remarquables sont : dans la Sibérie, le lac *Baïkal*, le lac *Tenghiz* ou *Balkhach;* la mer d'*Aral* entre la Sibérie et le Turkestan ; la mer *Caspienne,* qui en raison de sa vaste étendue a retenu le nom de mer; dans la Turquie d'Asie, le lac *Van* et la mer *Morte;* les lacs *Urmiah* et *Backtegan,* en Perse ; le lac *Deryaï-Hamoun,* dans l'Afghanistan ; dans l'empire chinois, les lacs *Phou-yang, Thoung-ting* et *Tengri-noor.*

Déserts. L'Asie renferme des déserts et des steppes d'une grande étendue. Les principaux sont : le désert de *Cobi,* au N. de l'empire chinois; les déserts de *Karizm* et de *Karakoum,* dans le Turkestan ; le désert de *Syrie,* au N. de l'Arabie, et enfin presque toute la partie intérieure de cette contrée, dans laquelle le désert d'*Akhaf* paraît être celui qui est le plus considérable.

Pour les steppes on doit citer la grande steppe des *Kirghiz,* dans la Sibérie et le Turkestan ; la steppe de

Bouraba, entre l'Obi et l'Irtich, et celle d'*Ischim*, entre
l'Irtich et le Tobol.

Montagnes. Les plus hautes montagnes du monde
sont en Asie. Elles forment différentes chaînes qui
entourent le grand plateau central de ce continent,
savoir : l'*Altaï* au N.; les monts *Célestes* et *Bolor* à l'O.;
les monts *Kuen-Lun* au centre; les monts *Himalaya*
au S. Cette dernière chaîne renferme le *Kunchinginga*,
point le plus élevé du globe; son alt. est de 8,588 mètres.
Dawalagiri, dans le roy. de Neypal, n'a que 8,187 mètres d'élévation.

On remarque encore au N.-E. de l'Asie : les monts
Jablonoï ou *Stavonoï*; au N.-O. les monts *Ourals*; à l'O.
le *Caucase*, près duquel s'élève le mont *Ararat*, le *Tau-
rus*, le *Liban*, dans l'Asie Mineure ; et le mont *Sinaï*,
dans l'Arabie.

Dans l'Hindoustan, on trouve les deux chaînes des
Ghattes occidentales et des *Ghattes orientales*.

Volcans. Les plus remarquables sont : le *Kluit-
chewskoi* et l'*Avatcha*, dans le Kamtchatka, qui en renferme plusieurs autres encore; le *Fousino-yama*, dans
l'île de Niphon. Les îles Kuriles et le plateau central de
l'Asie renferment aussi un grand nombre de volcans.

Fleuves. L'Asie est divisée en quatre versants principaux qui répondent assez exactement aux quatre points
cardinaux : le versant N. ou de l'océan Glacial arctique;
le versant O. ou de la mer Caspienne, de la mer Noire et
de la Méditerranée; le versant S. ou de l'océan Indien;
le versant E. ou du grand Océan.

Fleuves du versant N.

La *Kolima*, la *Léna*, la *Yenissei*, l'*Obi*, qui reçoit
l'*Irtich* grossi du *Tobol*.

Fleuves du versant O.

Le *Sir-Daria* ou *Sihoun* et l'*Amou-Daria* ou *Djihoun* se jettent dans la mer d'Aral;

L'*Oural* tombe dans la Caspienne;

Le *Kizil-Ermak*, dans la mer Noire.

Dans la Turquie d'Asie, le *Jourdain* se rend dans la mer Morte.

Fleuves du versant S.

L'*Euphrate* et le *Tigre* forment, par leur réunion, le *Chot-el-Arab*, qui débouche dans le golfe Persique;

Le *Sind* ou *Indus* tombe dans le golfe d'Oman;

Le *Gange*, le *Brahmapoutre*, l'*Ava* ou *Iraouady* et le *Saluen* se jettent dans le golfe du Bengale.

Fleuves du versant E.

Le *Me-nam* est tributaire du golfe de Siam;

Le *May-kong* ou *Cambodge*, de la mer de Chine;

Le *Van-tsé-kiang* ou fleuve Bleu, de la mer Orientale;

Le *Ho-hang-ho* ou fleuve Jaune, de la mer Jaune;

L'*Amour* ou *Saghalien* débouche dans la Manche de Tartarie;

L'*Anadir*, dans le golfe de ce nom.

Divisions politiques. L'Asie est divisée en 17 États ou régions, savoir :

1 au N. : la *Sibérie* ou *Russie d'Asie*;

3 à l'O. : le *Turkestan* ou *Tartarie indépendante*, la *Transcaucasie* ou *Russie du Caucase*, la *Turquie d'Asie*;

6 au S. : l'*Arabie*, la *Perse* ou *Iran*, le *Hérat*, l'*Afghanistan* ou *Caboul*, le *Béloutchistan*, l'*Hindoustan*;

7 à l'E. : la *Chine*, le *Japon*, l'*Indo-Chine*, qui com-

8

prend le roy. des *Birmans*, l'*Indo-Chine* anglaise, le roy. de *Siam*, le *Malacca* indépendant, et le roy. d'*Annam*.

CHAPITRE XXVIII.

GÉOGRAPHIE POLITIQUE DE L'ASIE MODERNE, CORRESPONDANT A L'ASIE CONNUE DES ANCIENS ENTRE LA MÉDITERRANÉE ET L'INDUS.

L'Asie connue des anciens était généralement comprise entre la Méditerranée et l'Indus. Elle correspond aujourd'hui à :

La Russie du Caucase (Albanie, Ibérie, Colchide) ;

La Turquie d'Asie (Asie Mineure, Syrie, Phénicie, Palestine, Babylonie, Mésopotamie, Assyrie, Arménie occidentale) ;

L'Arabie ;

Le Béloutchistan (Gédrosie) ;

L'Afghanistan (Paropamise, Drangiane, Arochosie) ;

Le Hérat (Arie) ;

Le Turkestan (Scythie, Sogdiane, Bactriane, Margiane) ;

La Perse (Carmanie, Perse, Susiane, Médie, Arménie orientale, Parthie, Hyrcanie).

TURQUIE D'ASIE.

Pop., environ 16,000,000 h.

La Turquie d'Asie est bornée au N. par la Russie du Caucase, la mer Noire, le canal de Constantinople, la mer de Marmara ; à l'O. par la mer de l'Archipel et la

Méditerranée; au S. par l'Arabie et le golfe Persique; à l'E. par la Perse.

La Turquie d'Asie se divise en 5 parties, qui sont : L'*Asie Mineure* ou *Anatolie*. Pop. 10,700,000 h. — V. pr. *Smyrne*, port de commerce. *Brousse*. *Kutanieh*. *Trébizonde*, place forte sur la mer Noire. *Konieh*. *Angora*.

L'*Arménie*. — V. pr. *Erzeroum*. *Kars*. *Van*.

Le *Kurdistan*. — V. pr. *Mossoul*, près de laquelle on a retrouvé les ruines de Ninive. — La pop. de l'Arménie et du Kurdistan est évaluée à 1,700,000 h.

La *Mésopotamie*. — V. pr. *Bagdad*. *Bassora*.

La *Syrie*. Pop. 2,800,000 h. — V. pr. *Damas* et *Alep*.

. La Syrie renferme la *Palestine,* province qui longe la côte de la Méditerranée dans la partie S.-O. de la Turquie d'Asie.

Le nom de Palestine fut donné par les Romains à la Judée; ils la divisaient en 4 parties : Galilée, Samarie, Judée, Pérée. Elle correspond au pays de Chanaan, et son nom est probablement dérivé de celui des Philistins, anciens habitants de la partie occidentale du pays. Les juifs en furent expulsés l'an 135 de notre ère. Les musulmans s'en emparèrent au septième siècle.

Les Croisés l'érigèrent en roy. qui dura de 1099 à 1187. Saladin conquit la Palestine, qui resta sous la domination égyptienne jusqu'au seizième siècle, époque à laquelle elle fut réunie à l'empire turc, dont elle constitue encore aujourd'hui une dépendance.

La Palestine est, en général, hérissée de montagnes, qui sont des ramifications du *Liban* et de l'*Anti-Liban*. La région montagneuse, fertile dans le N., est stérile

dans le midi; il y règne une température agréable,
tandis que dans la plaine la chaleur est accablante.
De novembre à mars l'hiver est rigoureux, et il tombe
de la neige même à Jérusalem. C'est en décembre et
janvier qu'il pleut le plus abondamment dans la Palestine. Les vents de l'O. et du S.-O. soufflent de novembre
à février, ceux du S. règnent en mars; ceux de juin
parcourent régulièrement chaque jour le tour de l'horizon.

Le *Jourdain*, aujourd'hui Nahr-el-Arden, ou El-Cha-
ria en Arabe, forme le principal cours d'eau de la
Palestine. Il a sa source à 183 m. *au-dessus* du niveau
de la Méditerranée; il coule au S., traverse le Bahr-
Kelou (lac de Séméchon), le lac de Tabarieh (Tibé-
riade), et tombe dans la mer Morte (ancien lac Asphal-
tite), après un cours de 150 k. Déjà le lac de Tabarieh
est à 173 m. *au-dessous* de la Méditerranée. Le niveau
de la mer Morte est indiqué ainsi :

Par de Berton. . .   406 m. au-dessous du niveau de
                                    la Méditerranée;
Par Wilkie 365   id.
Par Symonds . . .   427   id.
Par Füssegger. . . 434   id.

Ces chiffres donnent une moyenne de 408 m. au-
dessous du niveau de la Méditerranée, phénomène unique dans son genre sur le globe (1).

La v. pr. de la Palestine est *Jérusalem*. Lat. 31° 46'
N., long. 33° 41' E., vers les sources du torrent de

---

(1) *Traité de géogr. et de stat. médicales*, t. I, p. 192; et *Carte
physique et météorologique du globe*, 3e édit

Cédron, à environ 800 m. au-dessus du niveau de la Méditerranée. Pop. (en 1845, d'après Schultz) 15,510 h., dont 5,000 mahométans, 3,390 chrétiens, 7,120 juifs. Les autres villes importantes sont : *Jaffa, Beyrouth, Saint-Jean d'Acre,* ports de mer. *Bethléhem,* gros bourg près de Jérusalem, où naquit le Sauveur.

ARABIE.

L'ARABIE est bornée au N. par la Turquie d'Asie; à l'O. par l'isthme de Suez et la mer Rouge; au S. par le détroit de Bab-el-Mandeb et les golfes d'Aden et d'Oman; à l'E. par le golfe d'Oman, le dét. d'Ormuz et le golfe Persique.

Les principales parties de l'Arabie sont :

L'HEDJAZ, où l'on trouve les villes de *la Mecque, Médine* et *Djeddah,* port sur la mer Rouge. L'Hedjaz appartient à la Turquie; sa pop. est de 800,000 h.

L'*Yemen,* cap. *Moka.* On y trouve *Aden,* port sur la mer Rouge. Aden est aux Anglais, ainsi que l'île de *Périm,* située à l'entrée de la mer Rouge.

Le roy. de MASCATE, cap. *Mascate.* Ce roy. est gouverné par un imam dont les possessions comprennent en outre la province de *Bender-Abassi,* au S. de la Perse, l'île de *Kishim,* dans le golfe Persique, et s'étendent en Afrique (voir *Zanguebar*).

PERSE.

Pop. évaluée à 7,000,000 h.

Ce roy. est borné au N. par le Turkestan, la mer Caspienne et la Russie; à l'O. par la Turquie d'Asie; au S. par le golfe Persique et le détroit d'Ormuz; à l'E. par les roy. de Béloutchistan, de Caboul et de Hérat. —

Cap. *Téhéran*. — V. pr. *Ispahan. Tauris. Chiraz. Ben-der-Bouchir. Bender-Abassi*.

BÉLOUTCHISTAN.

Le Béloutchistan est tributaire des Anglais. Il est borné au N. par l'Afghanistan; à l'O. par la Perse; au S. par le golfe d'Oman; à l'E. par l'Hindoustan. Sa cap. est *Hérat*.

CABOUL OU AFGHANISTAN.

Ce roy. est borné au N. par le Hérat et le Turkestan; à l'O. par la Perse; au S. par le Béloutchistan; à l'E. par l'Hindoustan. Cap. *Caboul*. — V. pr. *Candahar*.

HÉRAT.

Le roy. de Hérat est borné au N. par le Turkestan; à l'O. par la Perse; au S. par le Béloutchistan; à l'E. par le Caboul. Le Hérat est tributaire de la Perse; il a pour cap. *Hérat*.

TURKESTAN.

Le Turkestan est borné au N. par la Russie d'Asie; à l'O. par la mer Caspienne; au S. par la Perse et le Caboul; à l'E. par l'empire chinois.

Il est divisé en 5 parties, qui sont :

Le pays des Turcomans, la steppe des Kirghiz-Kasaks, le khanat de Khokand, cap. *Khokand;* le khanat de Khiva, cap. *Khiva;* le khanat de Boukharie, cap. *Boukhara*. — V. pr. *Samarkand*.

TRANSCAUCASIE OU RUSSIE DU CAUCASE.

Pop. 2,173,584 h., suivant M. Kolb (1860).

La Transcaucasie est bornée au N. par le Caucase; à

l'O. par la mer Noire ; au S. par la Turquie d'Asie et la Perse ; à l'E. par la mer Caspienne. — La Transcaucasie appartient à la Russie. Elle est divisée en 3 provinces : la *Géorgie*, qui est la plus importante, cap. *Tiflis;* l'*Arménie*, cap. *Erivan;* le *Daghestan*, cap. *Derbent*.

CHAPITRE XXIX.

GÉOGRAPHIE POLITIQUE DE L'ASIE SÉPTENTRIONALE, ORIENTALE ET MÉRIDIONALE.

HINDOUSTAN.

Sup. 3,157,000 k. c., dont 1,333,469 k. c. pour les possessions britanniques. Pop. totale : 182,347,148 h., dont 131,990,906 pour les possessions anglaises.

Les limites de l'Hindoustan sont : au N. les monts Himalaya; à l'O. le Caboul, le Béloutchistan et le golfe d'Oman; au S. la mer des Indes; à l'E. le golfe du Bengale et l'empire des Birmans.

L'Hindoustan est une vaste presqu'île, très-riche et très-peuplée, qui se termine en pointe dans l'océan Indien. Sa partie S., la côte occidentale, est appelée *côte de Malabar*, et la côte orientale, *côte de Coromandel*.

On remarque au N.-O. la presqu'île de *Guzerate* entre les golfes *Kotch* et de *Cambaye;* au S. le golfe de *Manaar* et le dét. de *Palk* séparent l'Hindoustan de l'île de Ceylan.

Les principaux fleuves sont le *Sind* ou *Indus* et le
Nerbuddah, tributaires du golfe d'Oman; le *Godavery*,
le *Gange* et le *Brahmapoutre*, qui tombent dans le
golfe du Bengale. Le Gange, à son embouchure, forme
un vaste delta couvert de marais malsains d'où le cho-
léra est plusieurs fois sorti.

On peut dire que l'Hindoustan appartient en totalité aux Anglais, car non-seulement ils en possèdent
la plus grande partie, mais encore ils exercent un
protectorat sur les États indigènes, et ceux-ci leur
payent un tribut. Les Français et les Portugais ont
quelques établissements dans l'Hindoustan (voir plus
loin les possessions des États européens).

**Principaux États indigènes tributaires de
l'Angleterre.** Au N. le roy. de *Neypal*, cap. *Catman-
dou;* le roy. de *Kachmyr*, cap. *Kachmyr*, célèbre par ses
châles;

Au N.-O. les États des Radjepoutes. On y remarque
les villes de *Djourdjour* et d'*Odeypour*;

Au centre, le roy. de *Sindiah*, cap. *Gwalior*, place
forte;

Au S. le roy. de *Mysore* ou *Maïssour*, cap. *Mysore;* le roy. du *Décan* ou du *Nizam*, qui a pour
cap. *Hayderabad*. — V. pr. *Golconde*, autrefois puissante.

La pop. des États indigènes s'élève à 50,356,247 h.,
savoir : États compris dans la présidence du Bengale,
38,702,206 h.; États compris dans la présidence de
Madras, 5,213,671 h.; États compris dans la présidence
de Bombay, 6,440,370 h.

ARCHIPELS DES LAQUEDIVES ET DES MALDIVES.

Pop. évaluée à 10,000 h.

Ces deux archipels sont situés au S.-O. de l'Hindoustan. Le premier est vassal de l'Angleterre ; le second forme un État indépendant gouverné par un sultan. Les Maldives tirent une certaine importance du commerce des *cauris*, jolis petits coquillages qu'on ne trouve que dans leurs parages et qui servent de menue monnaie dans l'Inde, le Caboul, le sud de la Chine, et même dans une grande partie de l'Afrique.

SIBÉRIE OU RUSSIE D'ASIE.

Pop. 2,887,184 h., d'après M. Kolb (1860).

Elle est bornée au N. par l'océan Glacial arctique ; à l'O. par les monts Ourals et le fleuve Oural ; au S. par la mer Caspienne, le Turkestan et la Chine ; à l'E. par la mer d'Okhotsk, le grand Océan, la mer et le dét. de Behring.

La Sibérie appartient à la Russie ; c'est un pays froid qui n'a d'importance que par ses richesses minérales et par le commerce des fourrures. Les criminels d'État y sont envoyés en exil.

L'île *Saghalien* ou *Tarakaï*, située à l'embouchure de l'Amour, appartient aujourd'hui en totalité à la Russie.

La Sibérie est divisée en neuf gouvernements. Sa cap. est *Tobolsk*, dans la Sibérie occidentale, résidence du gouverneur général. — V. pr. *Irkoutsk*, dans la Sibérie orientale. *Kiatka*, entrepôt du commerce avec la Chine. *Okhostk*, sur la mer de ce nom. *Saint-Nicolas*, port récemment construit à l'embouchure du Saghalien.

8.

CHINE.

Sup. 13,659,000 k. c. — Pop. en 1860, d'après le dernier recensement, 414,686,994 h.

Les limites de la Chine sont : au N., la Russie d'Asie ; à l'O., le Turkestan ; au S., l'Hindoustan, l'empire des Birmans, les roy. de Siam et d'Annam, et la mer de Chine ; à l'E., la mer Orientale, la mer du Japon et la Manche de Tartarie.

La partie N.-O. et O. de la Chine est sillonnée de hautes montagnes. On y trouve le grand désert de Gobi, appelé mer de Sable ou *Shamo* par les Chinois. La partie S.-E. de l'empire est fertile, notamment la province de Chine proprement dite. — L'empire chinois est divisé en cinq grandes parties : la Mongolie, le Thibet, la Chine, la Mandchourie et la Corée. Au N. de la province de la Chine se trouve la *grande muraille,* célèbre rempart, long de 2,600 k., inutilement élevé par les Chinois pour les garantir contre l'invasion de conquérants qui les ont plusieurs fois subjugués.

Les v. pr. de la Chine sont : *Pékin,* cap. ; on lui donne 2,000,000 d'habitants ; résidence de l'empereur. *Nankin* ou plutôt *Kiang-ning. Sou-tchéou* et *Hangtchéou. Lhassa,* cap. du Thibet ; résidence du Dalaï-Lama, souverain du Thibet et grand prêtre très-vénéré du bouddhisme. *Han-yang,* cap. de la Corée.

Les Européens sont admis à faire le commerce dans cinq ports chinois : *Canton,* ou *Kouang-tcheou, Shanghaï, Ning-po, Hiamen* ou *Amoy,* et *Fou-tchéou.*

JAPON.

Sup. 686,250 k. c. — Pop. environ 30,000,000 h.

L'empire du Japon se compose d'un archipel situé à l'E. de la Chine, entre la mer du Japon et le grand Océan. Les îles principales sont : *Niphon, Yesso* ou *Matsmai, Kiusiu, Sikof,* les grandes *Kuriles.* Toutes ces îles sont volcaniques. Les tremblements de terre y sont très-fréquents. La cap. du Japon est *Yeddo,* sur la côte orientale de Niphon.

Les ports ouverts aux Européens sont ceux de *Fako-dadi,* de *Simoda* et de *Nagasaki,* dans l'île Kiusiu.

INDO-CHINE.

L'Indo-Chine est bornée au N. par la Chine; à l'O., par l'Hindoustan et le golfe du Bengale; au S., par le dét. de Malacca; à l'E., par la mer de Chine. Elle comprend : 1° l'empire des Birmans, à l'O.; 2° l'Indo-Chine anglaise, à l'O. et au S.; 3° le roy. de Siam, au centre; 4° le Malacca indépendant, au S.; 5° le roy. d'Annam, à l'E.

EMPIRE DES BIRMANS. Aujourd'hui déchu de son ancienne puissance, cet empire a pour cap. *Ava.* On y remarque la ville d'*Amarapoura.*

ROY. DE SIAM. Ce roy. a pour cap. *Bankock.* — V. pr. *Siam,* ancienne cap. Le Camboje oriental et la partie orientale du pays des Laos sont tributaires du roy. de Siam.

Le MALACCA INDÉPENDANT se compose de cinq roy. qui ont secoué le joug du roi de Siam, savoir : *Pérack, Djohore, Pahang, Roumbo* et *Salangore.* Chacun d'eux a pour cap. une ville du même nom, à l'exception du dernier, dont le souverain réside à *Kalang*.

Roy. d'Annam. Ce roy., improprement appelé quelquefois Cochinchine, se compose du Tonkin, de la Cochinchine, du Camboje occidental et d'une partie du pays des Laos. Sa cap. est *Hué*. — V. pr. : *Tourane* et *Saïgon*. Cette contrée a été, en 1859, le théâtre de victoires pour les armes françaises et espagnoles.

Les archipels Andaman et Nicobar, dans le golfe du Bengale, forment chacun un État indépendant.

POSSESSIONS ANGLAISES.

Les plus importantes des possessions anglaises sont situées dans l'Hindoustan et l'Indo-Chine. Leur pop. totale est de 133,682,830 h.

La partie de l'Hindoustan qui appartient aux Anglais est divisée en trois présidences, et sa pop. est de 131,990,906 h. (1ᵉʳ septembre 1858) :

La *présidence du Bengale*, pop. 64,108,369 h.; ch.-l. *Calcutta*, qui est en même temps la cap. de l'Hindoustan, sur l'Hougly, bras du Gange; pop. 413,182 h. — V. pr. *Patna*, place forte, 284,132 h. *Lucknow*, 300,000 h. *Delhy*, 152,406 h., autrefois très-puissante et cap. des Mongols. *Agrah*, 125,262 h. *Bénarès*, 185,984 h. *Lahore*, 95,000 h. *Oude;*

La *présidence de Madras*, pop. 22,437,297 h.; ch.-l. *Madras*, 720,000 h., importante par son commerce. — V. pr.: *Madapolam*, où l'on fabrique des étoffes de coton. *Mazulipatam;*

La *présidence de Bombay*, pop. 45,445,240 h.; ch.-l.

Bombay, 566,119 h.—V. pr. *Hyderabad,* 200,000 h.
Surate.

Les Anglais possèdent au S.-E. de l'Hindoustan la
grande et belle île de *Ceylan,* célèbre par ses pêches
de perles. Pop. en 1856 1,691,924 h. Elle a pour
cap. *Colombo,* port fortifié. — V. pr. *Trincomalé,* port
fortifié. *Candy,* ancienne cap. L'île de Ceylan renferme
le *pic d'Adam,* montagne élevée et lieu de pèlerinage
fort suivi dans l'Inde.

L'INDO-CHINE ANGLAISE se compose au N. : 1° des
territoires d'*Assam,* d'*Aracan* et du *Pégu.* On y remarque la ville de *Rangoun,* port sur l'Iraouady ; 2° plus
au S. de la ville de *Merghi,* et à la pointe méridionale
de la presqu'île de Malacca, des villes de *Malacca* et de
Singapour, ports de commerce ; 3° de l'île du *Prince de
Galles* ou *Poulo-Pinang,* située sur la côte O. de la même
presqu'île.

Les Anglais possèdent en Chine, près de Canton, l'île
de *Hong-kong.* Pop. (fin 1856) 72,607 h.; ch.-l. *Victoria ;* et en Arabie, ainsi que nous l'avons dit plus haut,
Aden et l'île de *Périm.*

POSSESSIONS FRANÇAISES.

Les possessions françaises sont situées dans l'Hindoustan. Elles se composent de cinq villes et d'un certain
territoire autour de chacune d'elles (1) ; ces cinq villes
sont : *Pondichéry,* résidence du gouverneur et des auto-
rités centrales de nos établissements dans l'Inde ; pré-

---

(1) Le chiffre de la pop. indiqué dans cet article comprend celui
de la ville et de son territoire.

fecture apostolique; cour impériale; ville commerçante sur le golfe de Bengale; n'ayant pas de port, mais une rade ouverte où la mer brise sans cesse et rend le débarquement difficile. Pop. (1856) 120,996 h.—*Chandernagor*, pop. (1856) 30,322 h.—*Karikal*, port de commerce sur le golfe du Bengale; pop. (1856), 50,176 h. — *Mahé*, sur la côte de Malabar; pop. (1856) 7,058 h. — *Vanaon*, sur le Godavery, à 11 k. de son embouchure, dans le golfe du Bengale; pop. (1856) 6,455 h. L'ensemble de la pop. de nos établissements dans l'Inde (1856) est de 215,007 h., y compris les fonctionnaires, employés et les troupes, pour 1,178 âmes. La pop. européenne ne figure dans ce total que pour 1,331 âmes.

POSSESSIONS PORTUGAISES.

Leur pop. totale est 408,596 h. (1857). Elles se composent : 1° dans l'Hindoustan, du territoire et de la ville de *Goa*, place forte sur la côte de Malabar; de l'île de *Diu*, au S. de la presqu'île de Guzerate, et de la ville de *Daman*, entre Surate et Bombay; 2° de la ville de *Macao*, dans l'île du même nom, située dans la baie de Canton. Pop. en 1857 : 29,587 h.

POSSESSIONS RUSSES.

Elles se composent de la Transcaucasie et de la Sibérie. Voir ci-dessus, pages 117 et 120.

CHAPITRE XXX.

DESCRIPTION PHYSIQUE DE L'AFRIQUE.

Sup. 29,749,000 k. c. — Pop. 85,000,000 h.

Situation. L'Afrique est située au S.-O. de l'ancien continent; elle est comprise entre le 37° 19′ 40″ de lat. N. et le 34° 51′ 15″ de lat. S., et le 19° 53′ 7″ de long. O., et le 48° 52′ 10″ de long. E.

Limites. Elle est bornée au N. par la Méditerranée et le dét. de Gibraltar; à l'O. et au S. par l'océan Atlantique; à l'E. par le canal de Mozambique, la mer des Indes, le dét. de Bab-el-Mandeb, la mer Rouge et l'isthme de Suez.

Étendue. L'Afrique a 8,000 k. dans sa plus grande longueur, du cap Blanc, au N., au cap des Aiguilles, au S., et 7,600 k. du cap Vert, à l'O., au cap Guardafui, à l'E.

Mers. Il n'y en a pas d'autres que celles qui sont mentionnées au § *Limites*.

Golfes. Les principaux golfes sont, dans la Méditerranée : les golfes de la *Sidre* et de *Cabès*; — dans l'océan Atlantique : le golfe de *Guinée*, qui comprend les golfes de *Benin* et de *Biafra*; — dans l'océan Indien : le golfe d'*Aden*, entre l'Afrique et l'Arabie.

Caps. Les principaux caps sont, dans la Méditerranée : le cap *Bon* et le cap *Blanc*; dans l'océan Atlantique, un autre cap *Blanc*, le cap *Vert*, le cap des *Palmes*, le cap *Lopez*, le cap *Négro*, le cap de *Bonne-Espérance*, le cap des *Aiguilles*; dans le canal de

Mozambique, le cap *Corrientes;* dans l'océan Indien, les caps *Delgado* et *Guardafui*. On remarque aussi les caps d'*Ambre* et *Sainte-Marie* dans l'île de Madagascar.

Détroits. On doit citer le dét. de *Gibraltar,* entre l'Afrique et l'Espagne, qui met en communication la Méditerranée et l'océan Atlantique; le canal de *Mozambique,* entre l'Afrique et l'île de Madagascar; le dét. de *Bab-el-Mandeb,* qui réunit la mer Rouge à l'océan Indien.

Presqu'îles. Isthmes. L'Afrique, relativement à l'ancien continent, forme une vaste presqu'île rattachée à l'Asie par l'isthme de *Suez*.

Iles. Les plus remarquables sont : — dans l'océan Atlantique, au N.-O., l'archipel des *Açores,* les îles *Madères* et les îles *Canaries;* à l'O., les îles du *Cap-Vert;* — dans le golfe de Guinée, l'île *Fernando-Po,* l'île du *Prince,* l'île *San-Thomé,* l'île d'*Annobon;* — dans l'océan Atlantique, l'île de l'*Ascension,* l'île de *Sainte-Hélène,* et plus au S. l'île de *Tristan-d'Acunha;* — dans l'océan Indien, l'île de *Madagascar,* une des plus grandes du globe; l'île de la *Réunion,* autrefois Bourbon; l'île *Maurice,* autrefois île de France; l'île *Rodriguez* (ces trois îles sont connues sous le nom d'îles *Mascareignes*); les îles *Nossi-bé* et *Sainte-Marie,* sur les côtes de Madagascar; les îles *Comores,* dans le canal de Mozambique; au N. de l'île de Madagascar, le groupe des îles *Amirantes* et le groupe des *Seychelles;* sur la côte E. de l'Afrique, l'île *Monfia,* l'île *Zanzibar,* et enfin l'île *Socotora,* près du cap Guardafui.

Lacs. Au pied S. de l'Atlas on trouve le lac *Melgih* ou *Melrir;* dans l'intérieur de l'Afrique, au N. de l'Équateur, le lac *Dibbie,* traversé par le Djolibah; le lac

Tchad, dont l'étendue est considérable; et au N.-E. le lac *Dembéa,* traversé par le Nil-Bleu.

Les relations de quelques voyageurs modernes permettent de considérer comme hors de doute l'existence d'autres lacs ou mers intérieures au centre de l'Afrique, notamment des lacs *N'gami* et *N'yassi.*

Déserts. L'Afrique renferme d'immenses déserts, entre autres le *Sahara,* le plus grand désert du globe, qui, par sa vaste étendue et par la propriété qu'a son sol de s'échauffer considérablement pendant le jour, exerce une influence marquée sur la climatologie du N. de l'Afrique et même du S. du continent européen. La fraction du Sahara située près de l'Égypte prend plus particulièrement le nom de désert de *Libye.*

Montagnes. Les principales chaînes de montagnes sont : au N.-O. la chaîne de l'*Atlas,* qui sépare les régions baignées par la Méditerranée et l'océan Atlantique du Sahara; dans la partie centrale de l'Afrique, les monts *Kong,* qui séparent ce même désert des contrées situées sur le golfe de Guinée. Au S. on remarque les monts *Nieuweweld;* à l'E. les monts *Lupata,* et les monts *Semen,* en Abyssinie. De l'ensemble des données géographiques que l'on possède sur l'Afrique, il semble que l'on devrait considérer les parties centrales de ce continent comme autant de bassins qui reçoivent les eaux intérieures descendant des montagnes que nous venons de nommer. On remarque dans l'île Madagascar les monts *Ambostimènes.*

Volcans. Nous citerons dans les îles le *Pic de l'île de Feu,* dans l'archipel du Cap-Vert; le volcan de la *Corona,* sur l'île Lanzarota, une des Canaries, et le volcan de *Bourbon,* dans l'île de ce nom. Nous devons ajouter que les explorations les plus récentes et les plus dignes de foi constatent l'existence de volcans sur le continent africain.

Fleuves. Trois grands versants se partagent les fleuves et les rivières de l'Afrique : 1° celui du N. ou de la Méditerranée ; 2° celui de l'O. ou de l'océan Atlantique ; 3° celui de l'E. ou de l'océan Indien.

Fleuves du versant N.

Le *Nil,* formé du *Nil-Blanc* et du *Nil-Bleu,* débouche dans la Méditerranée par plusieurs embouchures dont les deux principales forment le *Delta.*

Fleuves du versant O.

Le *Sénégal,* la *Gambie,* le *Djolibah* ou *Kouara* ou *Niger,* le *Zaïre* ou *Congo,* la *Cuenza* et le fleuve *Orange* ont leur embouchure dans l'océan Atlantique.

Fleuves du versant E.

Le *Zambèze* se jette dans le canal de Mozambique, et le *Luago* ou *Loffih* dans l'océan Indien.

Divisions. L'Afrique est divisée en 20 États ou régions, savoir :

5 au N. : l'Égypte et la Nubie, la régence de Tripoli, la régence de Tunis, l'Algérie, le roy. de Maroc ;

5 à l'O. : le Sahara, la Sénégambie, la Guinée, le Congo, la Cimbébasie ;

4 au S. : le pays des Hottentots, la colonie du Cap, la côte de Natal, la capitainerie générale de Mozambique ;

4 à l'E. : le Zanguebar, la côte d'Ajan, le Sòmal, l'Abyssinie ;

2 au centre : la Nigritie ou Soudan, la Cafrerie.

CHAPITRE XXXI.

GÉOGRAPHIE POLITIQUE DES CONTRÉES DE L'AFRIQUE CONNUES DES ANCIENS.

Les anciens ne connaissaient que les parties septentrionales de l'Afrique et les divisaient en 7 régions, savoir : l'Égypte; la Cyrénaïque (partie E. de la régence de Tripoli); l'Afrique (partie O. de la régence de Tripoli et régence de Tunis); la Numidie (province de Constantine, dans l'Algérie); Mauritanie (provinces d'Alger et d'Oran, en Algérie, et royaume de Maroc); la Libye (région du Sahara); l'Éthiopie (Nubie et Abyssinie).

ÉGYPTE ET NUBIE.

Pop. évaluée selon les uns à 2,500,000 h., selon d'autres à 4,250,000 et à 5,125,000 h. Pop. de la Nubie turque 800,000 h.

L'Égypte est bornée au N. par la mer Méditerranée; à l'O. par le désert de Libye; au S. par l'Abyssinie; à l'O. par la mer Rouge et l'isthme de Suez.

Ce pays est arrosé par le Nil, dont les inondations régulières fertilisent les contrées qu'il parcourt.

L'isthme de Suez réunit l'Égypte à l'Asie.

L'Égypte est gouvernée par un pacha, qui depuis 1822 étend sa domination sur la *Nubie* et depuis quelques années sur le *Kordofan,* province située au S. de la Nubie. Le pacha d'Égypte est vassal de la Turquie.

L'Égypte est divisée en 3 parties : la haute Égypte au S.,

la moyenne Égypte au milieu et la basse Égypte au N. C'est dans cette dernière partie que se trouve le *Caire*, cap. de toute l'Égypte. On y trouve aussi les principales villes du royaume, savoir : *Alexandrie*, port de commerce très-important sur la Méditerranée. *Rosette* et *Damiette*, autres ports de commerce sur la Méditerranée. *Aboukir. Suez*, sur la mer Rouge. — Les v. pr. de la moyenne et de la haute Égypte sont : *Girgeh, Syout, Minieh.*

La pop. de l'Égypte est formée en partie des Coptes, qui sont les descendants des anciens Égyptiens.

La NUBIE est bornée au N. par l'Égypte ; à l'O. par le désert de Libye ; au S. par l'Abyssinie ; à l'E. par la mer Rouge.

Les v. pr. sont : *Khartoun*, cap. et résidence du gouverneur égyptien, *Sennaar, Dongola.*

ABYSSINIE.

L'Abyssinie est bornée au N. par la Nubie ; à l'O. par la Nigritie ; au S. par la Cafrerie ; à l'E. par la mer Rouge.

De hautes montagnes parcourent l'Abyssinie ; les plus élevées sont les monts *Sémen.*

Ce pays est arrosé par le *Nil-Blanc* et par le *Nil-Bleu.*

L'Abyssinie formait autrefois un puissant royaume gouverné par un seul souverain appelé Négus. Les dissensions et les guerres des habitants ont amené son morcellement. On y reconnaît aujourd'hui quatre États principaux :

Le roy. de *Tigré* au N. ; cap. *Adouah.* Ce pays est chrétien ;

Le roy. de *Gondar* ou d'*Amhara*; cap. *Gondar*, autrefois cap. de toute l'Abyssinie;

Le roy. de *Choa*; cap. *Ankober*; au S. enfin, *le pays des Gallas*, peuple féroce et païen, d'une humeur guerrière et remuante.

RÉGENCE DE TRIPOLI.

Pop. évaluée à 600,000 h.

La régence de Tripoli est un État vassal de la Turquie. Elle est bornée au N. par la Méditerranée; à l'O. par la régence de Tunis; au S. par les déserts de Sahara et de Libye; à l'E. par l'Égypte. Le *Fezzan* forme la partie méridionale de la régence.

Les v. pr. sont : *Tripoli*, cap., 20,000; et *Mourzouk*, ville commerçante dans le Fezzan.

RÉGENCE DE TUNIS.

Pop., évaluée à 800,000 h.

Comme l'Égypte et Tripoli, la régence de Tunis est vassale de la Turquie. Elle est bornée au N. par la Méditerranée; à l'O. par l'Algérie; au S. par le Sahara; à l'E. par la régence de Tripoli. Sa cap. est *Tunis*, 100,000 h. (?) — V. pr. la *Goulette*, port de mer.

ALGÉRIE.

Pop. 2,344,813 h. (1857).

L'Algérie appartient à la France, qui a commencé sa conquête en 1830.

Elle est bornée au N. par la Méditerranée; à l'O. par le roy. de Maroc; au S. par le Sahara; à l'E. par la régence de Tunis.

La chaîne de l'*Atlas* la traverse de l'O. à l'E. et la divise en deux grandes parties : le *Tell* au N., le *Sahara* au S.

La partie du Tell est arrosée par la *Megherdah*, la *Seybouse*, la *Safsaf*, l'*Oued-el-Kebir*, le *Chélif*, l'*Habra* et la *Tafna*. La région du Sahara a pour principal cours d'eau l'*Oued-Djeddi* (rivière du Chevreau), qui s'écoule dans un lac.

Géographie politique. L'Algérie est divisée en trois provinces : celle de *Constantine* à l'E., celle d'*Alger* au centre, celle d'*Oran* à l'O. Chaque province renferme un territoire civil divisé en départements, arrondissements, districts ou commissariats civils et communes, et un territoire militaire formant une division militaire, des subdivisions, cercles aghalieks, caïdats et cheikats. Un préfet est placé à la tête du gouvernement, un sous-préfet à la tête de l'arrondissement ; un commissaire civil régit chaque district ; les communes sont administrées par des maires. Les généraux divisionnaires remplissent les fonctions de préfets dans les territoires militaires ; les généraux de brigade les secondent dans leurs subdivisions ; des officiers supérieurs gèrent les cercles, et des fonctionnaires indigènes, aghas, caïds et cheiks administrent les aghalieks et cheikats (*Almanach impérial* de 1859).

L'Algérie forme trois départements, savoir : 1° ALGER, arrondissements : *Blidah*, *Médéah*, *Milianah;* — 2° ORAN, arrondissements : *Mascara*, *Mostaganem*, *Tlemcen;* — 3° CONSTANTINE, arrondissements : *Bône*, *Guelma*, *Philippeville*, *Sétif.*

Ces trois départements forment un seul diocèse, le diocèse d'*Alger,* et composent le ressort d'une cour im-

périale et d'une académie dont le ch.-l. est aussi à
Alger.

Il y a un tribunal civil dans chacune des villes d'Alger, Blidah, Bône, Constantine, Mostaganem, Philippeville et Oran, et 24 justices de paix dans toute la
colonie.

Population. La pop. urbaine et rurale de l'Algérie au 31 décembre 1859 était de 180,472 h., dont
84,792 dans la province d'Alger, 55,740 dans la province d'Oran, 39,940 dans la province de Constantine.

La pop. indigène soumise au régime de l'administration
militaire était, en 1857, de 2,344,813 h., savoir : division d'Alger, 756,026 h.; division d'Oran, 499,756 h.;
division de Constantine, 1,089,021 h.

En 1856, on comptait 557,889 Kabyles de la montagne, 1225,308 Arabes, et 400,902 Kabyles de la
plaine.

Villes principales, avec la pop. civile européenne en 1856. Département d'Alger : *Alger,* ch.-l.,
port de mer, 28,728 h., et avec les annexes 35,136 h.;
Blidah, 5,267 h.; *Médéah,* 1,849 h.; *Milianah,* 1,673 h.
— Département d'Oran : *Oran,* ch.-l., port de mer,
13,967 h.; *Mascara,* 2,329 h.; *Tlemcen,* 2,885 h.;
Mostaganem, 4,251 h.—Département de Constantine :
Constantine, ch.-l., 6,128 h. avec la banlieue; *Bône,* port
de mer, 7,002 h.; *Philippeville,* port de mer, 7,279 h.

MAROC.

Sup. 752,130 k. c. Pop. approximative, 8,500,000
habitants.

Le roy. de Maroc est borné au N. par la Méditer-

ranée et le dét. de Gibraltar ; à l'O. par l'océan Atlantique ; au S. par le Sahara ; à l'E. par le Sahara et
l'Algérie. Il a pour cap. *Maroc*. — V. pr. *Fez*, *Méqui-
nez*, *Mogador*, port sur l'Océan ; *Tanger*, place forte sur
le dét. de Gibraltar.

SAHARA.

Le Sahara, appelé aussi grand désert, est une vaste
plaine de sable, peu élevée au-dessus du niveau de
l'Océan, qui occupe une surface de 230,000 lieues
carrées, et qui sépare complétement les régions septentrionales des régions méridionales de l'Afrique. Les
rares oasis qu'on rencontre dans cette affreuse solitude
sont habitées par des peuplades sauvages, dont les
principales sont les *Touaricks* ou *Touaregs*.

CHAPITRE XXXII.

GÉOGRAPHIE POLITIQUE DES CONTRÉES DE L'AFRIQUE
INCONNUES DES ANCIENS.

SÉNÉGAMBIE. Cette contrée tire son nom de ses
deux principaux fleuves, le *Sénégal* et la *Gambie*. Elle
est située entre le cap des Palmes et l'embouchure du
Sénégal.

Les principaux États indigènes sont ceux des *Ghiolofs*,
des *Peuls* ou *Foulahs* et des *Mandingues*.

Les Français, les Anglais, les Portugais ont des établissements dans la Sénégambie.

GUINÉE. Cette contrée s'étend du cap des Palmes

au cap Lopez ; elle porte le nom de *Liberia*, côte d'*Ivoire*, côte d'*Or*, côte des *Esclaves* et pays du *Gabon*. Les Anglais, les Français, les Hollandais, les Portugais, y ont des établissements.

La république nègre de Libéria, aujourd'hui indépendante, a été fondée par les États-Unis dans la Guinée ; son ch.-l. est *Monrovia*. Pop., en 1856, 15,000 h. (*Annuaire des Deux-Mondes* de 1858.)

Le roy. des *Achantis* ou *Ashanties*, cap. *Coumassie*, est le principal État indigène de la Guinée.

Congo. Il est situé entre le cap Lopez et le cap Négro, et se divise en deux parties principales : l'État indépendant du *Congo* proprement dit, arrosé par le *Zaïre*, et dont la cap. est *San-Salvador*, et les colonies portugaises.

Cimbébasie. Ce pays, peu connu, est aride et malsain ; il a reçu son nom des Cimbébas, ses habitants, et s'étend sur la côte de l'Atlantique, au S. du Congo.

Pays des Hottentots. Cette région, arrosée par le fleuve Orange, est habitée par les Hottentots, qui se subdivisent en plusieurs peuplades. On distingue parmi elles les *Bosjesmans*, les *Namaquas*, les *Koranas* et les *Griquas*.

Côte de Natal. Ce pays est situé au S.-E. de l'Afrique, entre la colonie du Cap et la baie de Lagoa ; il renferme la colonie anglaise de Victoria.

Mozambique. Voir ci-après *Possessions portugaises*.

Zanguebar. La côte de Zanguebar, comprise entre le cap Delgado, au S., et le cap Bassas, au N., appartient à l'imam de Mascate, souverain arabe. Les principales villes sont : *Zanzibar*, dans l'île du même nom ; *Maga-*

doxo; Mombaza; Melinde, autrefois très-considérable; *Quiloa*, port de mer.

La côte d'AJAN s'étend du cap Bassas au cap Guardafui, et le SÔMAL s'étend de ce cap jusqu'à l'Abyssinie.

NIGRITIE. La Nigritie occupe la partie centrale de l'Afrique au N. de l'équateur, entre le Sahara, la Sénégambie, la Guinée et l'Abyssinie. Elle renferme les pays de *Bornou*, de *Darfour* et du *Ouaday;* elle est traversée par le *Niger.*

On y remarque le lac *Tchad*, qui reçoit le *Chary.*

Les v. pr. sont *Tombouctou*, très-importante par son commerce; *Kouka*, cap. du Bornou, *Sakatou*, cap. du pays des Fellatahs.

CAFRERIE. La Cafrerie comprend les régions intérieures de l'Afrique méridionale, circonscrites par les montagnes du Congo à l'O., les monts Lupata à l'E., et le pays des Hottentots au S. Ces régions sont fort peu connues encore. On y a constaté l'existence des lacs N'yassi et N'gami, et de plusieurs rivières.

Iles. Certaines îles de l'Afrique n'appartiennent pas aux nations européennes; elles sont situées dans l'océan Indien. Ces îles sont : *Madagascar*, qui est fort grande et divisée en plusieurs États. Le plus important de ces États est celui des *Horas*, cap. *Tananarive* ou *Erminé*. On évalue la pop. de Madagascar à 4,700,000 h.;

Les îles *Comores* (moins Mayotte, qui est aux Français), dont la pop. nègre et arabe est évaluée à 20,000 âmes;

Les îles *Zanzibar* et *Monfia*, qui appartiennent à l'imam de Mascate;

L'île *Socotora*, où les Anglais ont un établissement. On évalue sa pop. à 5,000 hab.

POSSESSIONS ANGLAISES.

Les Anglais possèdent dans la Sénégambie les colonies de *Bathurst,* pop. 4,851 h. (1848), et de *Sierra-Leone,* pop. 40,383 h. (1852); leur ch.-l. est *Bathurst.* On remarque la ville de *Freetown,* dans le Sierra-Leone;

Cap-Coast, Christianbourg, l'île *Fernando-Po* et l'île d'*Annobon,* sur les côtes de Guinée. Pop. 151,346 h. (1855);

Dans l'océan Atlantique : l'île de l'*Ascension,* pop. 6,951 h. (1848); l'île de *Sainte-Hélène,* pop. 5,709 h., célèbre par l'exil et la mort de Napoléon Ier;

La *Colonie du Cap,* au S. de l'Afrique. Elle appartient aux Anglais depuis 1806; auparavant elle était aux Hollandais. Sa pop. se compose de Hottentots, de Hollandais (Boers) et d'Anglais; elle était de 267,096 h. en 1856. Les pr. v. sont : *Cap-Town,* sur la baie de la Table, cap. de toute la colonie, ville importante au point de vue militaire et commercial; *Constance,* renommée par ses vins. *Uitenhagen;*

La colonie de *Victoria,* sur la côte de Natal;

Dans l'océan Indien : l'île *Maurice* (ancienne île de France). Pop. 230,995 h. (1856); l'île *Rodrigue;* les *Seychelles,* pop. 5,800 h.; enfin un établissement dans l'île *Socotora,* située dans le même océan. La pop. totale des possessions anglaises est de 713,131 h.

POSSESSIONS ESPAGNOLES.

Les Espagnols possèdent : 1° dans le Maroc, et sur les côtes de la Méditerranée, *Ceuta,* place forte, port de mer; *Melilla,* port de mer, et l'île *Alhucémas.*

La pop. de ces possessions est de 17,000 h., et leur sup. de 13 k. c.; 2° dans l'océan Atlantique, l'archipel des *Canaries*. — Pop. 234,046 h.; sup. 7,266 k. c. La plus considérable de ces îles est celle de *Ténériffe*, célèbre par le haut pic volcanique de ce nom, dont la hauteur au-dessus du niveau de la mer est de 3,710 m. On y remarque aussi l'*Ile de Fer*.

POSSESSIONS FRANÇAISES.

La France possède en Afrique :

1° L'*Algérie*. Voir plus haut, page 189.

2° Les côtes situées entre *Gorée* et *Portendick*, et le *Bassin du Sénégal*.

Le ch.-l. de nos établissements dans le Sénégal est *Saint-Louis*, ville fortifiée sur une île formée par le Sénégal, et à 20 k. environ de l'embouchure de ce fleuve; résidence du gouverneur; préfecture apostolique; cour impériale. — V. pr. *Gorée*, sur la côte N. de l'île de son nom; place fortifiée.

La pop. du Sénégal en 1856 était de 21,245 h., non compris les fonctionnaires, employés et leurs familles non propriétaires, au nombre de 4,271, la garnison, formant un effectif de 1,605 hommes, dont 1,440 Européens et 165 indigènes, et les noirs étrangers en assez grand nombre qui habitent la colonie depuis plusieurs années.

La température y subit de grandes variations. Ainsi, en avril 1855, le thermomètre est descendu à 11° 8; et à un mois d'intervalle, en mai, il a monté à 39° sous l'influence d'un fort vent d'E. Cette élévation a même atteint 43° 75 centigrades par ce même vent. Pendant l'expédition de Podor, en 1854, le thermomètre marquait 20° à cinq heures du matin, 30° à sept heures, et s'élevait quelquefois à 47° à deux heures de l'après-midi (Dutroulau).

Il n'y a réellement que deux saisons au Sénégal : la saison sèche et la saison des pluies.

3° *Port-Gabon, Grand-Bassam* et *Assinie,* sur la côte de Guinée.

4° Quelques îles situées dans l'océan Indien, savoir :

L'île de la *Réunion* (anciennement île Bourbon). — Pop. (1856) 155,121 h., savoir : pop. sédentaire, 103,101 h.; immigrants de toute origine, 50,227; fonctionnaires, employés et agents non propriétaires, 704; garnison, 1,089. La pop. blanche forme moins du sixième de la pop. totale.

La Réunion est à cent quarante lieues E. de Madagascar. Sa forme est ovale. Elle est traversée dans son centre, et du S. au N., par une chaîne de montagnes qui la partage en deux parties. La plus haute montagne, le *Piton des Neiges,* a 3,150 m. au-dessus du niveau de la mer. Cette île est arrosée par un grand nombre de cours d'eau. Les côtes ne présentent aucune baie profonde et les rades sont toutes foraines. Les mois de. janvier, février et mars sont les plus chauds; les mois de juin, juillet et août les plus froids. La moyenne de la température de l'année est de 24° 71. Il n'y a pas de mois entièrement sec à la Réunion. C'est de mai à juillet que soufflent les vents périodiques avec le plus de violence, et qu'ils s'accompagnent de ras de marée toujours dangereux. Les vents d'O. et de N.-O. sont les vents d'orage et de tourmente; on sait quelle funeste réputation ont les ouragans sur ce point du globe. Heureusement ils sont rares; mais les coups de vent sont assez fréquents et les bourrasques sont annuelles. Les tremblements de terre sont rares et faibles; les flammes et la fumée jetées par le volcan du S. ne s'accompagnent pas de commotions. Les saisons ne sont pas aussi tranchées à la Réunion qu'ailleurs, bien qu'on les divise aussi en hivernage et saison fraîche. (Dutroulau.)

La Réunion a pour ch.-l. *Saint-Denis*, résidence du gouverneur; évêché; cour impériale. — V. pr. *Saint-Pierre*.

L'île *Mayotte*, une des Comores. — Pop. 5,620 h. (recensement de 1857). Préfecture apostolique. Le siège du gouvernement est dans l'îlot Zaoudzi. Mayotte est entourée de toutes parts par un récif circulaire formé de plusieurs bancs de corail, qui laissent entre eux des espaces par où passent les navires. Ainsi protégée de tous côtés contre l'action de la pleine mer, Mayotte semble située au milieu d'un vaste lac aux eaux tranquilles. Les mois pluvieux à Mayotte sont novembre, décembre, janvier, février, mars et avril; les mois secs, les six autres mois. Les ouragans n'apparaissent qu'à de longs intervalles et sont moins terribles qu'à la Réunion (Dutroulau).

L'île *Nossi-Bé*, comprise dans le commandement de Mayotte. — Pop. sédentaire, 15,771 h.

L'île *Sainte-Marie de Madagascar*. — Pop. totale, 5,256 h.; pop. sédentaire, 2,926 h.; ch.-l. *Port-Louis*.

POSSESSIONS HOLLANDAISES.

Les Hollandais possèdent sur la côte de Guinée *Saint-Georges de la Mine* ou *Elmina*. Leur pop. au commencement de 1858 était de 100,000 h.

POSSESSIONS PORTUGAISES.

Les Portugais ont de nombreuses colonies en Afrique, ils possèdent : 1° dans la Sénégambie, quelques petits postes peu importants qui ont pour ch.-l. *Cacheo* ou *Cacheu*.

2° Dans l'océan Atlantique :

Les îles *Açores*, 237,910 h. (1857).

Les îles *Madère*, 107,088 h. (1857).

L'Archipel du cap *Vert*, 86,488 h.

L'île *Saint-Thomas* et l'île du *Prince*, 12,253 h. (1857).

3° Dans le Congo, les colonies d'*Angola* ou *Dongo* et du *Benguela*. Pop. 659,190 h. (1857). Cap. *Saint-Paul de Loanda*.

4° La *capitainerie générale de Mozambique*. Pop. en 1857, 300,000 h. Cette colonie s'étend de la baie de Lagoa au S. au cap Delgado au N. L'ancien et puissant empire du *Monomotapa* était situé dans le pays de Mozambique. Les principales villes sont : *Mozambique*, cap. dans l'île de ce nom ; *Quilimané*, *Sofala*, port de commerce.

CHAPITRE XXXIII.

DESCRIPTION PHYSIQUE DE L'AMÉRIQUE.

Sup. 39,275,000 k. c. — Pop. 73,000,000 h.

L'Amérique n'était pas connue des anciens. Vers le dixième siècle seulement des missionnaires chrétiens abordèrent au Groënland, et quatre siècles plus tard, des navigateurs danois reconnurent et confirmèrent l'existence de cette portion du territoire américain; mais ses régions centrales ne furent découvertes qu'en 1492, par Christophe Colomb. Le nouveau monde reçut son nom d'un voyageur florentin, Améric Vespuce, qui le visita quelques années plus tard.

Situation. L'Amérique est située entre le 80° de lat. N. et le 53° 57′ de lat. S., et les 24° et 170° de long. O.

Limites. Ses limites sont : au N. l'océan Glacial arctique; à l'O. le dét. et la mer de Behring et le grand Océan; au S. l'océan Glacial antarctique; à l'E. l'océan Atlantique.

Étendue. L'ensemble du continent américain mesure plus de 14,000 k. dans sa plus grande longueur. — On compte pour l'Amérique septentrionale 6,800 k. du cap Lisburn dans l'Amérique russe, à la pointe S. de la Floride, et 5,200 k. du cap Charles, dans le Labrador, au cap Corrientes, sur la côte O. du Mexique.

Pour l'Amérique du S. on compte 7,400 k. du cap Gallinas, dans la mer des Antilles, jusqu'à l'extrémité S. du continent, dans le dét. de Magellan, et 4,900 k. du cap Saint-Roch, dans l'océan Atlantique, au cap Blanc, dans le grand Océan.

Mers. Au N.-O. on remarque la mer de *Behring;* à l'O. le grand *Océan* forme la mer *Vermeille* ou golfe de *Californie;* à l'E. l'océan *Atlantique* forme entre les deux Amériques la mer des *Antilles,* et au N.-E. la mer ou baie d'*Hudson* et la mer de *Baffin.*

Golfes. Les principaux golfes sont : au N.-O. les golfes de *Kotzebue* et de *Norton,* près du dét. de

Behring ; à l'O. le golfe de *Californie* ou mer *Vermeille*, et les golfes de *Panama*, de *Guayaquil* et de *Penas*, dans le grand Océan ; dans l'océan Atlantique, les golfes *Saint-Georges*, *Saint-Matthias*; dans la mer des Antilles, les golfes de *Maracaïbo*, de *Darien* et de *Honduras*; au N. de la mer des Antilles, les golfes de *Campêche* et du *Mexique*; au N.-O., dans l'océan Atlantique, le golfe *Saint-Laurent* et la grande baie de *James*, dans la mer d'Hudson.

Caps. Les principaux caps sont : au N., dans l'océan Glacial arctique, les caps *Nord* et *Lisburn* ;

A l'O., dans le grand Océan, le cap *Saint-Lucas*, à la pointe S. de la Californie; le cap *Corrientes* et le cap *Blanc*, sur le continent; le cap *Froward*, à la pointe S. de l'Amérique méridionale, et le cap *Horn*, à l'extrémité S. d'une des îles de l'archipel de Magellan;

A l'E. dans l'océan Atlantique, les caps *Frio*, *San-Thomé* et *Saint-Roch* ; le cap *Agi*, dans la Floride; au N.-E. le cap *Charles*, dans le Labrador, et le cap *Farewel*, dans le Groënland.

Détroits. Les plus remarquables sont : au N. le dét. d'*Hudson*, entre le Labrador et la terre de Cumberland; le dét. de *Davis*, à l'entrée de la mer de Baffin ; les dét. de *Lancastre*, de *Barrow*, de *Jones*, et le dét. du *Prince de Galles*, ou passage N.-O. (découvert en 1853 par le capitaine Mac-Clure) qui établit la communication de la mer de Behring à la mer de Baffin ;

Au N.-O. le dét. de *Behring*, entre l'Amérique et l'Asie, fait communiquer l'océan Glacial arctique et le grand Océan ;

Au S. le dét. de *Magellan*, entre l'Amérique méridionale et la Terre de Feu; le dét. de *Lemaire*, entre la Terre de Feu et la Terre des États;

À l'E. le canal de la *Floride*, entre la presqu'île de ce nom et l'île de Cuba, le dét. de *Bahama*, entre la Floride et l'archipel des Lucayes, au N.-E. le dét. de *Belle-Isle*, entre l'île de Terre-Neuve et le continent américain.

Presqu'îles. Les principales presqu'îles sont : au N.-O. la presqu'île d'*Alaska*, entre la mer de Behring et le grand Océan; à l'O. la *Vieille-Californie*, entre cet océan et la mer Vermeille; au S.-E. la presqu'île de *San-José*, dans l'océan Atlantique; le *Yucatan*, entre la mer des Antilles et le golfe du Mexique; la *Floride*, entre ce golfe et l'océan Atlantique; au N.-E. la *Nouvelle-Écosse* ou *Acadie*, sur l'océan Atlantique, et le *Labrador*, entre cet océan et la mer d'Hudson.

Isthmes. Le plus remarquable est celui de *Panama*, qui réunit les deux Amériques. Il a 45 k. d'étendue dans sa partie la plus étroite.

Iles. Les principales îles sont : dans l'océan Glacial arctique, au N., le *Groënland*, encore inexploré en entier, mais qui semble former une île; les terres de *Baffin*, de *Cumberland*, l'île *Cokburn*, l'île du *Somerset septentrional*, l'île *Southampton*, l'île *Baring*;

Dans le grand Océan, au N.-O., l'archipel des *Aléoutiennes*, celui du *Roi Georges*, celui du *Prince de Galles*, l'île de la *Reine Charlotte*, l'île *Quadra* et *Vancouver*;

À l'O. l'archipel des *Galapagos* ou des *Tortues*, sous l'équateur; plus au S. les îles *Juan-Fernandez*, les îles *Chiloé*, l'archipel de la *Mère de Dieu*;

Au S. l'archipel de *Magellan*, dont la principale est la *Terre de Feu*;

Dans l'océan Atlantique, au S.-E., l'île *Géorgie*, les îles *Malouines* ou *Falkland ;*

En remontant au N., l'île *Marajo* ou *Joannes,* à l'embouchure du Maragnon ; les *Antilles*, entre les deux Amériques. Les Antilles se divisent en *Grandes* et *Petites Antilles*. Les principales sont : *Cuba*, l'île d'*Haïti* ou *Saint-Domingue*, la *Jamaïque*, *Porto-Rico* et la *Trinité*. Au N. des Antilles, on trouve l'archipel des *Lucayes* ou *Bahama*, puis celui des *Bermudes*, l'île du *Cap-Breton*, et l'île de *Terre-Neuve*.

Lacs. L'Amérique septentrionale renferme un nombre considérable de lacs, parmi lesquels on remarque par leur étendue les lacs *Supérieur, Michigan, Huron, Érié* et *Ontario*. Entre les deux derniers se trouve la chute du *Niagara*. Ces cinq lacs communiquent entre eux par un fleuve qui, à son entrée dans le lac Supérieur, porte le nom de Saint-Louis, et prend celui de Saint-Laurent à sa sortie du lac Ontario. Plus au N., on rencontre le lac *Ouinipeg*, qui se déverse dans la baie d'Hudson par le Severn, les lacs des *Montagnes*, de l'*Esclave*, et du *Grand-Ours*, dont les eaux s'écoulent dans l'océan Glacial arctique par la rivière Mackensie ;

Le lac *Nicaragua*, au N. de l'isthme de Panama, s'écoule dans la mer des Antilles par la rivière San-Juan ;

Dans l'Amérique méridionale, le lac *Maracaïbo* se déverse dans la même mer. Plus au S. on trouve le lac *Titicaca* dans le Pérou.

Déserts. L'intérieur de l'Amérique méridionale renferme de vastes solitudes avec des oasis ; l'une des plus étendues, celle de *Pernambuco*, est située dans le Brésil. Les contrées les plus septentrionales de l'Amérique du Nord sont inhabitables, à cause de la rigueur constante de la température.

Montagnes. Une grande chaîne parcourt les deux Amériques du N. au S. dans leur partie occidentale. Elle porte le nom de *Montagnes Rocheuses* au N., de *Cordillère du Mexique* et de *Cordillère de Guatemala* au centre, de *Cordillère des Andes* dans l'Amérique méridionale. Les Andes renferment les points les plus élevés de cette longue chaîne; le *Chimborazo*, le plus haut de tous, a 6,530 mètres d'alt.; l'*Illimani*, 6,456 mètres.

L'Amérique septentrionale contient encore les monts *Alleghanys* ou *Apalaches* et les *Montagnes Bleues* dans les États-Unis; l'on remarque aussi dans l'Amérique méridionale les *montagnes du Brésil*, qui sont situées dans la partie orientale de cet empire.

Volcans. De nombreux volcans existent dans toutes les cordillères; les principaux sont : dans l'Amérique du Nord, l'*Orizaba* et le *Popocatepetl;* dans l'Amérique méridionale, l'*Aréquipa*, l'*Antisana*, le *Pichincha* et le *Cotopaxi*, qui est le plus redoutable de tous.

Fleuves. L'Amérique est divisée en 3 versants : celui du N. ou de l'océan Glacial arctique, celui de l'O. ou du grand Océan, celui de l'E. ou de l'océan Atlantique.

Fleuves du versant N.

Le *Churchill* se jette dans la mer d'Hudson ; la *rivière de Cuivre*, le *Colville* et le *Mackensie* dans l'océan Glacial arctique.

Fleuves du versant O.

L'*Orégon* ou *Columbia* et le *Sacramento*, célèbre depuis plusieurs années par les mines d'or situées sur son parcours, ont leur embouchure dans le grand Océan, et le *Rio-Colorado* dans le golfe de Californie.

Fleuves du versant E.

Pour l'Amérique septentrionale : le *Mississipi* ou *Mechacebé*, long de 5,200 k., se jette dans le golfe du Mexique après avoir reçu le *Missouri* et l'*Ohio ;* le *Rio-Grande del Norte* tombe dans ce même golfe. L'*Hudson* et le *Saint-Laurent* sont tributaires de l'océan Atlantique au N.-E.

Pour l'Amérique méridionale : la *Magdalena* tombe dans la mer des Antilles ; l'*Orénoque*, l'*Essequibo*, le *Maragnon* ou *Fleuve des Amazones* (son parcours est de 5,600 k.), qui reçoit la *Madeira*, se jettent dans l'océan Atlantique, ainsi que le *Tocantins*, le *San-Francisco*, le *Rio de la Plata* formé de l'*Uruguay* et du *Parana*, qui reçoit lui-même le *Paraguay*.

Principaux peuples indigènes de l'Amérique. Les peuples indigènes des deux Amériques ont reçu le nom d'Indiens ; les principaux sont : — dans l'Amérique du Nord, les *Esquimaux* dans le Groënland, la Nouvelle-Bretagne et l'Amérique russe ; les *Chipeways* entre les Montagnes Rocheuses et la mer d'Hudson ; les *Algonquins*, les *Iroquois*, les *Sioux*, plus connus sous le nom de *Peaux-Rouges*, dans le Canada et au N.-E. des Etats-Unis ; les *Serpents* au N.-O. des Etats-Unis ; les *Aztèques* dans le Mexique ; — dans l'Amérique centrale, les *Mosquitos ;* — dans l'Amérique méridionale, les *Guaranis* dans les Guyanes et le Brésil ; les *Botoncoudos* dans le Brésil ; les *Puelches* ou *Pampéens*, qui errent dans les vastes plaines ou pampas comprises entre la république Argentine et la Patagonie ; les

Patagons au S., ainsi que les *Araucans*. Ceux-ci habitent entre les Andes, le Valdivia, le Biobio et le grand Océan.

Divisions politiques. Le nouveau monde est divisé en 27 États ou contrées :

5 dans l'Amérique septentrionale, savoir : l'*Amérique russe*, le *Groënland*, la *Nouvelle-Bretagne*, les *États-Unis*, le *Mexique*;

8 dans l'Amérique centrale : *Guatemala*, *San-Salvador*, *Honduras*, *Nicaragua*, *Costa-Rica*, les *Antilles*, *Haïti* et la *République dominicaine*.

14 dans l'Amérique méridionale, savoir : la Colombie, renfermant trois républiques (*Vénézuela*, la *Nouvelle-Grenade*, l'*Equateur*), la *Guyane anglaise*, la *Guyane hollandaise*, la *Guyane française*, le *Pérou*, la *Bolivie*, le *Chili*, la *Patagonie*, la *Confédération argentine* ou de la *Plata*, le *Paraguay*, l'*Uruguay*, l'empire du *Brésil*.

CHAPITRE XXXIV.

CONTRÉES DE L'AMÉRIQUE.

ÉTATS-UNIS.

Sup. 3,306,865 k. c. — Pop. (1850) 23,351,207 h. On peut l'évaluer pour 1860 de 30 à 32,000,000 d'âmes.

Situation et limites. Les États-Unis sont bornés au N. par la Nouvelle-Bretagne; à l'O. par le grand Océan; au S. par le Mexique et le golfe du Mexique; à l'E. par l'océan Atlantique.

Les principales rivières sont : le *Saint-Laurent*, le

Saint-Jean, le *Connecticut*, *l'Hudson*, la *Delaware*, le *Susquehannah*, le *Potomac* et le *Savanah*, tributaires de l'océan Atlantique; le *Mississipi*, qui tombe dans le golfe du Mexique après avoir reçu le *Missouri*, l'*Arkansas*, l'*Illinois* et l'*Ohio*.

Les Etats-Unis forment une république fédérative, mais chaque Etat est indépendant et se gouverne lui-même pour les affaires qui le concernent; les affaires d'intérêt général seules sont décidées par le gouvernement fédéral, qui siége à Washington.

Grandes divisions territoriales. Capitales. Villes principales. Les Etats-Unis se divisent en 31 Etats, 7 territoires (1) et 1 district fédéral.

États du versant E.

Maine, 583,018 h., cap. *Augusta*.

Newhampshire, 317,999 h., cap. *Concord*.

Massachussetts, 994,665 h., cap. *Boston*, 138,788 h.; port de commerce.

Rhode-Island, 147,543 h., cap. *Providence*, 41,513 h.

Connecticut, 371,947 h., cap. *Hartford*.

Vermont, 314,322 h., cap. *Montpellier*.

New-York, 3,098,818 h., cap. *Albany*, 50,771 h. — V. pr. *New-York*, 515,394 h.; grand port de commerce sur l'océan Atlantique. *Broocklyn*.

New-Jersey, 489,381 h., cap. *Trenton*.

Pensylvanie, 2,314,897 h., cap. *Harrisburg*. —

---

(1) On entend par *territoire* une région qui a moins de 60,000 âmes de pop. et qu'administre un gouverneur nommé par le gouvernement fédéral.

V. pr. *Philadelphie*, 409,353 h.; grand port de commerce sur l'océan Atlantique. *Pittsbourg*, 46,601 h.

Delaware, 90,407 h., cap. *Dover*.

Maryland, 575,150 h., cap. *Annapolis*. — V. pr. *Baltimore*, 169,012 h.; port de commerce sur l'océan Atlantique.

Virginie, 1,424,863 h., cap. *Richmond*.

Caroline du N., 868,870 h., cap. *Raleigh*.

Caroline du S., 668,247 h., cap. *Columbia*.

Géorgie, 888,726 h., cap. *Milledgeville*.

District fédéral de *Columbia*, 51,670 h., cap. *Washington*, 40,001 h.; siège du gouvernement fédéral.

États et territoires du versant S.

Nebraska (territoire).

Minesota (territoire), 6,077 h., cap. *Saint-Paul*.

Wisconsin, 305,538 h., cap. *Madison*.

Michigan, 402,041 h., cap. *Détroit*.

Jowa, 192,247 h., cap. *Jowa*.

Illinois, 855,384 h., cap. *Springfield*. — V. pr. *Chicago*, 28,269 h. en 1850 (vraisemblablement aujourd'hui 60,000 h.).

Indiana, 990,258 h., cap. *Indianopolis*.

Ohio, 1,981,940 h., cap. *Columbus*. — V. pr. *Cincinnati*, 116,108 h.

Kentucky, 993,344 h., cap. *Francfort*.

Missouri, 682,907 h., cap. *Jefferson*. — V. pr. *Saint-Louis*, 77,860 h.; commerçante.

Arkansas, 198,796 h., cap. *Arkopolis*.

Tennessee, 1,006,213 h., cap. *Nashville*.

Mississipi, 605,488 h., cap. *Jackson*.

Alabama, 779,001 h., cap. *Tuscaloosa.*

Louisiane, 523,098 h., cap. la *Nouvelle-Orléans*, 119,285 h.; port de commerce important sur le golfe du Mexique.

Floride, 89,459 h., cap. *Tallahassée.*

Nouveau-Mexique, 61,547 h. (1), cap. *Santa-Fé.*

Texas, 230,000 h., cap. *Austin.*

Kansas (territoire).

États et territoires du versant O.

Orégon (territoire). — Pop. 13,323 h., cap. *Salem.*

Utah (territoire). L'Utah est habité par les Mormons.

Washington (territoire).

Californie. Ce pays est célèbre depuis plusieurs années par ses riches mines d'or. On évaluait sa pop. à la fin de 1858 à 508,000 h., dont 20,000 Indiens et gens de couleur, 45,000 Chinois et 434,000 blancs. Les Américains figuraient dans ce chiffre pour 333,000 h., les étrangers pour 175,000, dont 15,000 Français environ (2). La cap. de la Californie est *San-Francisco*, dont la pop. était évaluée pour 1859 à 78,083 h.; elle n'était que de 15,000 h. en 1850.

MEXIQUE.

Sup. 1,613,127 k. c.—Pop. 7,661,520 h. (1853).

Le Mexique est borné au N. par les États-Unis; à

---

(1) D'après sa pop., le Nouveau-Mexique devrait être compris au nombre des *États*; il paraît cependant être encore maintenu comme *territoire.*

(2) *Annuaire de l'économie politique et de la statistique* pour 1860.

l'O. par le grand Océan ; au S. par l'Amérique centrale ; à l'E. par le golfe du Mexique.

Le Mexique a pour capitale *Mexico*, 150,000 h. — V. pr. *Guanaxuato*, où l'on trouve des mines d'argent ; *Potosi ; Campêche*, port sur le golfe du Mexique ; *la Vera-Cruz*, port sur le même golfe, défendu par la citadelle de Saint-Jean d'Ulloa ; *Acapulco*, port sur le grand Océan, ville autrefois florissante ; *Tampico*, port sur le golfe du Mexique.

AMÉRIQUE CENTRALE.

Pop. 2,600,000 h.

L'Amérique centrale renferme cinq républiques, savoir :

GUATEMALA. Sup. 194,456 k. c. — Pop. en 1852, 970,450 h. Cap. *Guatemala*, 60,000 h., port sur le grand Océan.

SAN-SALVADOR. Sup. 31,900 k. c.—Pop. 600,000 h. Cap. *San-Salvador*. — V. pr. *Sonsonate*, sur le grand Océan ; commerce de cochenille et d'indigo.

HONDURAS. Sup. 60,390 k. c. — Pop. 360,000 h. Cap. *Comayagua*, 18,000 h.

NICARAGUA. Sup. 119,462 k. c. — Pop. 300,000 h. Cap. *Léon*, 25,000 h. — V. pr. *Nicaragua*, sur le lac de ce nom ; *Greytown*, ville libre.

COSTA-RICA. Sup. 58,743 k. c. — Pop. 240,000 h. Cap. *San-José*, 30,000 h.

ILE D'HAÏTI.

Cette ville portait autrefois le nom de Saint-Domingue. La partie occidentale appartenait à la France ;

mais en 1791 les nègres se révoltèrent et recouvrèrent leur indépendance. La partie orientale, qui appartenait à l'Espagne, secoua son joug en 1822.

Aujourd'hui, l'île d'Haïti, qui a une pop. d'environ 800,000 h., dont 500,000 nègres, 420,000 mulâtres et 30,000 blancs, forme deux États, savoir :

A l'O. l'Empire d'haïti. (Sup. 76,036 k. c. — Pop. 600,000 h.) Cap. *Port-au-Prince*, port de mer, 30,000 h.; — A l'E. la République dominicaine. (Sup. 13,000 k. c. —Pop. selon les uns, 100,000 h., selon d'autres, de 2 à 300,000 h.) Cap. *Santo-Domingo*, port de mer, ville fortifiée.

RÉPUBLIQUE DE LA NOUVELLE-GRENADE.

Sup. 1,010,160 k. c.—Pop. (1858) 2,243,837 h.
Elle est bornée au N. par la mer des Antilles; à l'O. par le grand Océan; au S. par la république de l'Équateur; à l'E. par la république de Vénézuela et le Brésil. Sa cap. est *Santa-Fé de Bogota*, 43,000 h. — V. pr. *Chagres* et *Carthagène*, ports sur la mer des Antilles; *Panama*, dans l'isthme de ce nom, sur l'océan Atlantique.

RÉPUBLIQUE DE VÉNÉZUELA.

Sup. 1,114,184 k. c. — Pop. 1,564,433 h.
Elle est bornée au N. par la mer des Antilles; à l'O. par la Nouvelle-Grenade; au S. par le Brésil; à l'E. par la Guyane anglaise. Cap. *Caracas*, 50,000 h.— V. pr. *Maracaybo*, *Cumana*, la *Guayra*.

RÉPUBLIQUE DE L'ÉQUATEUR.

Sup. 844,000 k. c. — Pop. en juin 1858, 1,040,371 h.

Elle est bornée au N. par la Nouvelle-Grenade; à l'O. par le grand Océan; au S. par le Pérou; à l'E. par le Brésil. Sa cap. est *Quito*, 70,000 h., cap. de l'ancien roy. des Incas. On remarque encore *Gayaquil*, port de commerce.

RÉPUBLIQUE DE BOLIVIE.

Sup. 801,540 k. c. — Pop. (1855), 2,326,126 h., dont 1,650,000 blancs (1).

Elle est bornée à l'E. et au N. par le Brésil; à l'O. par le Pérou et le grand Océan; au S. par le Chili et la république de la Plata. Sa cap. est *la Plata* ou *Chuquisaca*, 19,200 h. — V. pr. *Potosi*, où l'on trouve de riches mines d'argent; *la Paz*, 42,850 h., ville commerçante; *Cochabamba*, 30,400 h.

RÉPUBLIQUE DU PÉROU.

Sup. 1,499,868 k. c. — Pop. 2,106,492 h., dont environ 2,500,000 Indiens (2).

Elle est bornée au N. par la république de l'Équateur; à l'O. par le grand Océan; au S. et à l'E. par la Bolivie et le Brésil. Sa cap. est *Lima*, ville industrieuse et riche; *Callao*, situé à quelques k. de Lima, est le

---

(1) *Annuaire de l'économie politique, etc.,* pour 1859.

(2) *Idem* pour 1860.

port de mer de cette ville. — V. pr. *Cuzco; Aréquipa*, ville commerçante.

RÉPUBLIQUE DU CHILI.

Sup. 362,340 k. c. — Pop. (1857) 1,558,319 h.

Elle est bornée au N. par la Bolivie; à l'O. par le grand Océan; au S. par la Patagonie; à l'E. par la Plata. — Les v. pr. sont : *Santiago*, 80,000 h., cap., ville florissante; *Valparaiso*, ville très-commerçante, port de mer; *Valdivia*. L'île de *Chiloé* appartient au Chili.

PATAGONIE.

La Patagonie occupe la pointe S. de l'Amérique méridionale. C'est un pays peu connu et généralement aride; il est habité par deux peuples indigènes, les *Araucans* et les *Patagons*.

RÉPUBLIQUE DU RIO DE LA PLATA OU CONFÉDÉRATION ARGENTINE.

Sup. y compris Buénos-Ayres, qui vient de rentrer dans la Confédération, 2,491,113 k. c. — Pop. 1,500,000 h.

La Confédération Argentine est une république fédérative constituée à peu près comme celle des États-Unis. Elle est bornée au N. par la Bolivie; à l'O. par le Chili; au S. par la Patagonie; à l'E. par l'océan Atlantique, l'Uruguay, le Brésil et le Paraguay. Sa cap. est *Buénos-Ayres*, pop. 130,000 h. avec les faubourgs; port sur le Rio de la Plata; ville commerçante. — V. pr. *Corrientes*, sur le Parana, et *Tucuman*.

RÉPUBLIQUE DE L'URUGUAY OU DE MONTÉVIDÉO.

Sup. 290,000 k. c. — Pop. (1859) 214,429 h.

Cet État est situé au S. du Brésil, entre l'Uruguay, le Rio de la Plata et l'océan Atlantique: Il a pour cap. *Montévidéo*, 35,000 h.; ville commerçante à l'embouchure du Rio de la Plata.

RÉPUBLIQUE DU PARAGUAY.

Sup. 197,640 k. c. — Pop. (évaluation nouvelle) 600,000 h. (1860).

Cette république est bornée au N. par le Brésil; à l'E. par le Paraguay, qui la sépare de la Confédération Argentine; au S. et à l'O. par le Parana, qui la sépare de cette dernière région et du Brésil. Elle a pour cap. l'*Assomption*, sur le Paraguay, 16,000 h., dont 150 résidants étrangers.

BRÉSIL.

Sup. 7,137,000 k. c. — Pop. en 1856 (évaluation officielle) 7,677,800 h., et d'après une évaluation ministérielle de 1859, 8,000,000 d'h.

L'empire du Brésil est borné au N. par les Guyanes et par la république de Vénézuela; à l'O. par les républiques de l'Équateur, du Pérou et de Bolivie; au S. par le Paraguay, la Confédération Argentine et l'Uruguay; à l'E. par l'océan Atlantique. — V. pr. *Rio de Janeiro*, 296,136 h.; cap., port de mer, ville commerçante dans une très-belle situation; *Bahia* ou *San-Salvador*, 120,000 h., et *Récife* ou *Pernambuco*, ports de commerce.

POSSESSIONS ANGLAISES.

Ces possessions sont situées au N., au centre et au S. de l'Amérique. Au N. de l'Amérique, elles se composent de la *Nouvelle-Bretagne*, qui est située entre l'océan Glacial arctique, l'Amérique russe, le grand Océan, les États-Unis et l'océan Atlantique. La Nouvelle-Bretagne comprend les îles ou terres désertes et glacées situées entre le continent américain et l'océan Glacial arctique. Ses contrées les plus importantes sont : le *Territoire de la Compagnie de la baie d'Hudson ;* le *Labrador ;* le *Nouveau-Brunswick*, cap. *Saint-John ;* la *Nouvelle-Écosse* ou *Acadie,* cap. *Halifax,* port militaire et de commerce ; l'île *Terre-Neuve*, célèbre par la pêche des morues, cap. *Saint-John,* beau port sur la baie de son nom ; l'île *Anticosti,* à l'embouchure du Saint-Laurent ; l'île du cap *Breton* et le *Canada.*

Le Canada est une ancienne colonie française occupant aujourd'hui une superficie d'environ 40,000 lieues, et dans laquelle l'élément français a conservé la plus grande prépondérance. En effet, la pop., qui en 1857 était de 2,571,437 h., savoir : 1,350,923 h. pour le haut Canada, et 1,220,514 h. pour le bas Canada, se divisait ainsi qu'il suit par nationalités, d'après le recensement de 1851 : Franco-Canadiens, 695,945 h. (dont 669,528 dans le bas Canada) ; Canadiens non Français, 651,673 h. ; natifs d'Irlande, 227,766 h. ; natifs d'Angleterre, 93,929 h. ; natifs d'Écosse, 90,376 h. ; natifs du continent américain, 64,109 h. ; natifs du continent européen, 18,467 h. Le bas Canada, qui est resté français, on peut le dire, autant par sa pop. que par sa législation, l'est aussi resté pour le culte ; l'immense majorité des habitants est catholiques.

Au point de vue des religions, la pop. du Canada se divise ainsi : catholiques, 914,561 h. ; anglicans, 268,592 h.; presbytériens, 176,094 h. ; méthodistes, 173,959 h. ; Écossais, 61,589 h. ; protestants divers, 176,085 h.; non classés, 71,334 h.; juifs, 351 h.

Le Canada a pour cap. *Québec,* sur le Saint-Laurent, dans le bas Canada, pop. 42,052 h. — V. pr. *Montréal,* dans une île du Saint-Laurent (bas Canada), pop. 57,715 h.; *Toronto,* sur le lac Ontario (haut Canada), pop. 30,775 h.

Les possessions anglaises dans le centre de l'Amérique comprennent : 1° la colonie de *Balise,* sur les côtes du Yucatan, et l'île de *Roatan,* dans le golfe de Honduras; — 2° les *Antilles anglaises,* parmi lesquelles on distingue la *Barbade,* la *Trinité; la Jamaïque;* célèbre par son rhum, cap. *Kingstown,* place de commerce importante; — 3° l'archipel des *Lucayes* ou *Bahama.* C'est dans une des Lucayes, à San-Salvador, que Christophe Colomb aborda en 1492; les îles *Bermudes,* à l'E. des États-Unis, lieu de déportation pour les condamnés anglais.

Enfin, dans l'Amérique méridionale, l'Angleterre possède la *Guyane anglaise,* cap. *Stabrock;* et dans l'océan Atlantique, à l'E. du dét. de Magellan, les îles *Falkland* ou *Malouines.*

Pop. des possessions anglaises dans l'Amérique : Amérique du Nord : bas Canada (1857), 1,220,514 h.; haut Canada (1857), 1,350,923 h.; Nouveau-Brunswick (1851), 193,800 h.; Nouvelle-Écosse (1851), 276,117 h.; île du Prince Édouard (1848), 62,678 h.; Terre-Neuve (1848), 101,600 h.; Territoire de la baie d'Hudson (1851), 180,000 h.; Labrador, 5,000 h.

Total, 3,390,632 h.—Amérique centrale : Antilles : Antigoa (1856), 35,408 h.; Barbade (1850), 125,864 h.; Dominique (1848), 22,200 h.; Grenade (1856), 32,705 h.; Jamaïque (1848), 379,690 h.; Montserrat (1856), 7,053 h.; Nevis (1851), 10,200 h.; Saint-Christophe (1855), 20,741 h. ; Sainte-Lucie (1856), 25,717 h.; Saint-Vincent (1844), 27,573 h.; Tabago (1856), 15,393 h.; Tortosa (1844), 6,689 h.; Anguilla (1844), 2,934 h.; la Trinité (1848), 59,814 h. Total, 771,981 h. — Iles Lucayes ou Bahama (1855), 27,519 h.; îles Bermudes (1851), 11,092 h.; Honduras, 11,000 h. —Amérique méridionale, la Guyane, 126,000 h. Total général, 4,338,224 h.

POSSESSIONS DANOISES.

Elles se composent du *Groenland* au N. E. de l'Amérique septentrionale, et de quelques-unes des Antilles.

Le Groenland est une vaste terre comprise entre l'océan Glacial arctique, la mer de Baffin, le détroit de Davis et l'océan Atlantique ; il est habité sur la côte occidentale par des Esquimaux. Le plus important des établissements danois est *Julianeshaab*, pop. 9,892 h. (1855).

Les Antilles appartenant aux Danois sont : *Sainte-Croix*, 22,862 h. (1855); *Saint-Thomas*, 12,560 h. (1855), et *Saint-Jean*, 1,715 h. (1855).

POSSESSIONS ESPAGNOLES.

L'Espagne possède : 1° l'île de *Cuba*, 1,449,462 h. (1856), la plus grande des Antilles; sa capitale, la *Havane*, est une ville forte et l'un des principaux ports de commerce de l'Amérique ; 2° l'île de *Porto-Rico*, 312,000 h., cap. *Porto-Rico*.

10

POSSESSIONS FRANÇAISES.

Elles se composent :

1° Des îles *Saint-Pierre* et *Miquelon*, au S. de Terre-Neuve, à l'embouchure du Saint-Laurent ;

2° Des *Antilles françaises*, qui forment deux gouvernements, celui de la Martinique et celui de la Guadeloupe et de ses dépendances ;

3° De la *Guyane française*.

Les Antilles françaises font partie des petites Antilles ou îles du Vent.

La *Martinique* est plus longue que large ; elle a pour ch.-l. *Fort de France*, port de mer au fond du golfe de son nom, résidence du gouverneur, évêché, cour impériale. La pop. totale de l'île (1856) est de 138,603 h. (dont un douzième environ de pop. blanche), savoir : 136,460 de pop. sédentaire, et 2,143 de pop. flottante. On remarque dans la Martinique plusieurs établissements d'eau minérale.

La *Guadeloupe* est formée de deux parties séparées par un bras de mer nommé *Rivière salée ;* elle a pour ch.-l. la *Basse-Terre*, place forte, résidence du gouverneur, évêché, cour impériale. — V. pr. *la Pointe-à-Pitre*, bon port de mer. Pop. de l'île (1856), 112,577 h. On remarque dans la Guadeloupe le volcan appelé la Soufrière, et plusieurs sources thermales.

Les dépendances de la Guadeloupe sont : *Marie-Galante*, pop. (1856), 12,829 h. ; *les Saintes*, pop. (1856), 1,285 h. : la *Désirade,* pop. (1856), 1,589 h.; *Saint-Martin* (partie française), pop. (1856), 3,277 h., ch.-l. *le Marigot*.

La pop. totale de la Guadeloupe et de ses dépendances était en 1856 de 135,230 h. (dont un treizième environ de pop. blanche), y compris une pop. flottante de 3,673 âmes.

La température moyenne extrême des Antilles n'atteint qu'accidentellement 31° dans la saison chaude, et ne descend pas au-dessous de 20°8 dans la saison fraîche. Le mois de janvier est le plus pluvieux. Il n'y a guère que trois mois de sécheresse, entre février et mai. Comme sur tous les autres points de la zone torride, on partage l'année en deux saisons : l'une chaude ou hivernage (juillet, août, septembre et octobre); l'autre fraîche (décembre, janvier, février, mars, avril et mai).

La *Guyane française* a pour ch.-l. *Cayenne*, ville forte dans l'île de son nom, et à l'embouchure de la rivière de Cayenne; résidence du gouverneur, préfecture apostolique, cour impériale, lieu de déportation pour les condamnés aux travaux forcés. La température de la Guyane est d'une égalité remarquable, mais il y pleut beaucoup; c'est un des points les plus inondés du globe; de novembre à juin, il y pleut continuellement, mais, contrairement à ce qui arrive ailleurs, les mois chauds sont les mois secs, les mois frais sont les mois pluvieux. La pop. totale de la Guyane en 1856 était de 21,172 h. (dont un quinzième environ de pop. blanche), savoir : 16,703 h. de pop. sédentaire, et 4,469 de pop. flottante. Celle-ci se décomposait ainsi : Indiens aborigènes, 1,400; Indiens réfugiés du Para, 240; infanterie et artillerie de marine, génie, gendarmerie, surveillants, 1,441; sœurs de Saint-Joseph, frères de Ploermel, 76; immigrants africains, 770; immigrants indiens, 542.

POSSESSIONS HOLLANDAISES.

Elles se composent, dans les Antilles, de la partie S. de l'île *Saint-Martin*, et des îles *Saba*, *Saint-Eustache* et *Curaçao*; dans l'Amérique méridionale, de la *Guyane* hollandaise, qui a pour cap. *Paramaribo*, sur l'estuaire de la Surinam.

La pop. totale des possessions hollandaises était de 89,600 h. au commencement de 1858.

POSSESSIONS RUSSES.

Pop. (1851), 10,723 h. Les possessions de la Russie sont situées à l'extrémité N.-O. de l'Amérique septentrionale. Elles se composent : 1° d'une vaste étendue continentale appelée *Amérique russe*, séparée de l'Asie par le détroit de Behring; 2° des îles *Aléoutiennes*, dont la principale est *Kodiak*; de l'archipel du *Prince de Galles*, et de l'archipel du *Roi Georges III*, qui renferme l'île Sitka, où se trouve la *Nouvelle-Arkhangel*, ch.-l. de l'Amérique russe, et entrepôt d'un grand commerce de fourrures.

POSSESSIONS SUÉDOISES.

La Suède possède *Saint-Barthélemy*, une des Antilles. Pop., 18,000 h.

CHAPITRE XXXV.

DESCRIPTION PHYSIQUE DE L'OCÉANIE.

Sup., 10,631,000 k. c. Pop., 30,000,000 d'h.

Situation. L'Océanie, ou monde maritime, située au S.-E. de l'Asie et à l'O. du continent américain, est

comprise entre le 36° de lat. N. et le 50° de lat. S., et
le 93° de long. E. et le 130° de long. O.

Limites. L'Océanie est baignée à l'E. et au N. par
le grand Océan; à l'O. par la mer de la Chine et l'océan
Indien; au S. par l'océan Glacial antarctique.

Mers. Indépendamment des mers ci-dessus, on y
trouve encore les mers particulières suivantes : la mer
de *Célèbes*, entre les Philippines, l'île Bornéo et l'île
Célèbes; la mer de *Java*, entre l'île de ce nom et les
îles Bornéo et Sumatra; la mer des *Moluques*, entre les
îles de ce nom, les îles de la Sonde et la Nouvelle-Guinée, et la mer de *Corail*, entre l'archipel de Salomon,
la Nouvelle-Guinée, la Nouvelle-Hollande et la Nouvelle-
Calédonie.

Golfes. Les principaux golfes sont : le golfe *Car-
pentarie*, au nord, et la *Baie des chiens marins*, à l'O. de
la Nouvelle-Hollande.

Caps. Les caps principaux sont : au N. de l'île Bornéo,
le cap *Malheur;* au nord de l'île Luçon, le cap *Engano;*
le cap *York*, sur la côte N., le cap *Wilson*, au S., et le
cap *Hove*, au S.-E. de la Nouvelle-Hollande; le cap *Nord*
au N.-O. de l'île Ika-na-mawi, dans la Nouvelle-Zélande.

Détroits. Les principaux dét. sont : le dét. de *Malacca*, entre la presqu'île de ce nom et l'île Sumatra; le
dét. de la *Sonde*, entre cette île et l'île Java; le dét. de
Macassar, entre Bornéo et Célèbes; le dét. de *Bass*,
entre la Nouvelle-Hollande et l'île de Diémen; le dét.
de *Cook*, entre les deux principales îles de la Nouvelle-
Zélande.

Lacs. On remarque le lac *Kini-Balou*, dans l'île Bornéo; le lac *Torrens*, dans la Nouvelle-Hollande.

Déserts. La partie centrale de la Nouvelle-Hollande paraît n'être qu'un grand désert de sable, qui atteint parfois les côtes occidentales et méridionales de cette île.

Montagnes. Les plus remarquables sont : les monts *Gounong*, dans l'île Sumatra, les montagnes *Bleues* et les *Alpes Australiennes*, si riches en mines d'or, dans la partie S.-E. de la Nouvelle-Hollande, et le mont *Mauno-Roa*, dans l'île d'Hawaï.

Volcans. Si on compare la superficie de l'Océanie à celle des autres continents, on peut dire que, de toutes les parties du monde, c'est celle qui renferme le plus grand nombre de volcans. Nous citerons le *Gounong*, le *Mérapi*, dans Sumatra ; le *Smirou*, le *Tagal*, dans Java ; l'*Arrayet*, dans Luçon ; le *Kérouia*, dans l'île d'Hawaï.

Fleuves. Le seul fleuve qui par son importance mérite d'être cité est le *Murray*, dans la Nouvelle-Hollande ; il a son embouchure au S. de cette île, dans la baie Encounter.

Division géographique. L'Océanie se compose d'un nombre considérable d'archipels, d'îles et d'îlots. On la divise en cinq parties : la *Micronésie* (1), au N. ; la *Malaisie* (2) ou *Notasie* (3), à l'O. ; la *Mélanésie* (4), au S.-O. ; la *Polynésie* (5), à l'E., et dans les régions polaires antarctiques, les *Terres antarctiques*.

La Micronésie se compose de l'archipel *Magellan*,

---

(1) Nom qui signifie *petites îles*.

(2) Ainsi nommée parce que les Malais forment la majorité de sa population.

(3) C'est-à-dire Asie du Sud.

(4) Ce nom lui a été donné parce que la race nègre forme la majorité de sa population.

(5) Mot qui signifie *beaucoup d'îles*.

au N.; des îles *Mariannes* ou des *Larrons*, au centre; des îles *Paleus* et de l'archipel des *Carolines*, au S.; des archipels *Marshall* et *Gilbert*, au S.-E.

La MALAISIE comprend au N. l'archipel des *Philippines*, dont les plus grandes sont *Luçon* (sup. 147,170 k. c.) et *Mindanao;*

A l'O. l'archipel des îles de la *Sonde;* les plus importantes sont : *Sumatra, Java* et *Timor.* Ces îles, qui sont situées dans les régions équatoriales, ont une végétation très-active et fort belle.

La Malaisie renferme encore l'île *Bornéo*, qui est fort grande, elle est située sous l'équateur. A l'E. de Bornéo, l'île *Célèbes*, aux bords vivement échancrés; les *Moluques* ou îles aux *Épices,* ainsi nommées parce que les clous de girofle et les noix muscades y sont récoltés en abondance. Les principales sont *Céram, Gilolo* et *Amboine.*

La MÉLANÉSIE comprend la *Nouvelle-Hollande* ou *Australie*, terre la plus vaste de l'Océanie; son étendue est évaluée aux 4,5es de celle de l'Europe. Elle a environ 4,500 k. de long sur 2,000 k. de large. La Nouvelle-Hollande est inexplorée à l'intérieur; les parties connues et habitées offrent un climat salubre et tempéré.

Au S. de la Nouvelle-Hollande, on trouve la *Tasmanie* ou *île de Diémen*.

Au N.-E. de la Nouvelle-Hollande, se trouve la *Nouvelle-Guinée* ou *Terre des Papous*, une des plus grandes du globe; au N. de la Nouvelle-Guinée, les îles de l'*Amirauté*, l'archipel de la *Nouvelle-Bretagne;* à l'E. les îles *Salomon;* au S.-E. les archipels des *Louisiades*, du *Saint-Esprit*, des *Nouvelles-Hébrides*, la *Nouvelle-Calédonie*, et tout à fait à l'E. de la Mélanésie, les îles *Viti* ou *Fidji*.

La Polynésie est traversée par l'équateur; elle se compose d'un nombre considérable d'îles et d'archipels, parmi lesquels on distingue :

Au N. les îles *Sandwich,* dont la principale est *Hawaï;*

Au centre les îles des *Navigateurs,* les îles *Tonga* ou des *Amis,* les îles de *Cook* et d'*Herveg,* les îles *Taïti* ou de la *Société,* l'archipel des îles *Basses* ou *Pomotou,* l'archipel des *Marquises,* dont la plus grande est *Noukahiva;*

Au S.-O. les îles *Kermadec,* la *Nouvelle-Zélande,* divisée en deux îles par le dét. de Cook, savoir : *Ica-na-Mawi,* au N., et *Tawaï-Pounamou,* au S. Ces deux îles sont les plus grandes de la Polynésie. Au S.-O. de la Nouvelle-Zélande, on trouve les îles *Maquarie,* et à l'E. les îles *Chatham.*

Enfin, à la partie la plus orientale de la Polynésie, on rencontre l'île de *Pâques* ou île *Waihou.*

Les antipodes de Paris sont situés en pleine mer, au S.-E. de la Nouvelle-Zélande.

Principaux peuples indigènes. La *race nègre* dans la Mélanésie, les *Malais* dans la Malaisie et la Polynésie, sont les *principaux peuples indigènes* de l'Océanie. La race nègre océanienne est la plus abrutie de toute la terre. Il y a parmi elle des tribus féroces et anthropophages. Les Polynésiens, au contraire, sont intelligents et se façonnent facilement à la civilisation européenne.

Divisions politiques. L'Océanie comprend quelques États indigènes, un grand nombre de peuplades sauvages, et des établissements de différentes nations européennes. Les principaux États indigènes sont ceux :

1° D'*Hawaï* (archipel des Sandwich ou d'Hawaï), cap.

Honolulu, dans l'île *Woahou,* bon port. L'île d'Hawaï renferme un curieux volcan, le Mouna-Vororay. La forme du gouvernement d'Hawaï est une monarchie constitutionnelle ;

2° Dans l'île de Sumatra : le roy. de *Siack,* cap. *Siack,* et le roy. d'*Achem,* cap. *Achem ;*

3° Le roy. de *Bornéo,* cap. *Bornéo ;*

4° Le roy. de *Mindanao,* cap. *Selangan.*

POSSESSIONS ANGLAISES.

Elles comprennent l'île *Labouan,* au N.-O. de Bornéo ; — une grande partie des côtes de la *Nouvelle-Hollande,* v. pr. *Sidney,* port de mer, et *Melbourne ;* — la *Nouvelle-Zélande,* où l'on trouve les villes d'*Aukland,* ch.-l. de la colonie, et *Port-Wellington ;* — et l'île *Van-Diémen.*

Pop. des possessions anglaises dans l'Océanie : île Labouan (1856), 1,262 h. ;— Australie (1858) : Nouvelle-Galles du Sud, 300,000 h.; Tasmanie (Terre de Van-Diémen), 80,000 h. ; Australie occidentale, 14,000 h.; — Australie méridionale, 105,000 h.; Nouvelle-Zélande, 130,000 h.; Victoria, 470,000 h. Total : 1,100,262 h.

POSSESSIONS ESPAGNOLES.

Elles comprennent : 1° la plus grande partie des *Philippines* (le reste appartient au sultan de l'archipel Soulou, situé près des Philippines), où l'on remarque l'île de *Luçon,* qui a pour ch.-l. *Manille,* résidence du gouverneur. Dans l'île de Mindanao, les Espagnols ont les établissements de *Sumboagan*, *Misamis* et *Carago*; — 2° l'archipel des *Mariannes*. La pop. des possessions espagnoles est évaluée à 3,472,000 h.

POSSESSIONS FRANÇAISES.

Les possessions françaises comprennent : la *Nouvelle-Calédonie*, lieu de déportation pour les condamnés aux travaux forcés, et les îles *Marquises*, où l'on trouve de bons ports servant de relâche entre le Chili et la Chine. La France exerce en outre son protectorat sur l'île *Taïti* et sur les îles *Gambier*, *Wallis* et *Foutouna*. Aux termes d'un décret du 14 janvier 1860, les possessions françaises forment deux établissements séparés : la Nouvelle-Calédonie et ses dépendances, d'une part; de l'autre, les îles Marquises et Taïti.

La *Nouvelle-Calédonie* a une longueur de 66 lieues sur une largeur moyenne de 10 lieues. L'île est prolongée dans toute sa longueur par deux chaînes de montagnes parallèles, séparées par une vallée centrale, coupée par plusieurs plateaux qui relient les chaînes entre elles. Les eaux intérieures qui, au N. du plateau de Kanala, s'accumulent dans cette vallée trouvent leur issue vers la mer par la rivière de Diahot, au N. de l'île. L'hivernage dure du 15 décembre au 15 avril; c'est l'époque des vents variables, de pluies et d'ouragans; les huit autres mois de l'année forment la belle saison, l'époque des brises régulières de l'E.-S.-E. Le climat de la Nouvelle-Calédonie est sain en toute saison. Dans la belle saison, la moyenne thermométrique est de 21° dans le S. de l'île, et la température s'abaisse jusqu'à 13° 03 avec les vents de S.-O. ou d'O. (1).

Taïti, ch.-l. *Papéïti*. Cette île est entourée d'une ceinture coralligène, qui protége ses côtes et ses bois contre la violence des vents et de la mer. Son sol est très-élevé; le principal pic est l'Orohéna, dont les deux pitons ont 2,237 m. et 2,232 m. d'élévation. Partout les eaux sont vives et courantes; elles apparaissent de loin, dans les hauteurs, sous forme de cascades et de torrents. Le climat est délicieux. C'est du mois de décembre au mois de mai que s'observent les moyennes mensuelles de température les plus élevées; de la fin de mai, elles baissent jusqu'en juillet, pour s'élever ensuite jusqu'à la fin de novembre. Les typhons, les ouragans, les tremblements de terre sont inconnus; mais les trombes ne sont pas rares. La saison chaude et pluvieuse commence en novembre et finit en mai. La saison sèche et fraîche dure de juin à octobre. Le territoire est fertile; on y trouve d'excellent bois de construction.

POSSESSIONS HOLLANDAISES.

Elles comprennent les îles *Moluques*, les îles de la *Sonde* (moins le roy. d'Achem dans l'île de Sumatra); quelques comptoirs sur les côtes de Bornéo; l'île *Célèbes;* la partie S.-O. de l'île *Timor;* l'île *Solor* et la *Papouasie occidentale*. La ville de *Batavia*, dans l'île de Java, est la cap. des possessions hollandaises de l'Océanie. *Padang*, dans l'île Sumatra, est un comptoir important;

---

(1) Renseignements puisés dans un travail hydrographique du capitaine de vaisseau Tardy de Montravel.

sa pop. est de 25,000 h. La pop. totale des possessions hollandaises est de 17,071,699 h. d'après les dernières statistiques officielles (1858). Celle de Java et de Madura s'élève à 20,331 Européens, 138,356 Chinois, 24,616 Arabes et autres Orientaux, 11,405,596 indigènes libres et 5,260 indigènes esclaves, ce qui fait ensemble un total de 11,594,159. Le nombre des chefs ou princes indigènes est de 106,105, et celui des prêtres indigènes est annoncé être de 56,993. La pop. des autres possessions hollandaises, dans l'Archipel oriental, est de 5,477,540 h.

POSSESSIONS PORTUGAISES.

Elles comprennent la partie N.-E. de l'île de *Timor*, qui a pour ch.-l. *Dillé*, et la petite île *Sabrao*, qui avoisine Timor. Leur pop. en 1857 était de 918,300 h.

TERRES ANTARCTIQUES.

Au S. de l'Océanie et dans l'océan Glacial antarctique, des *terres* nouvelles ont été découvertes par Dumont d'Urville, James Ross, etc. On ignore encore si elles forment des points isolés d'un continent ou de différentes îles. Elles ont reçu les noms, en allant de l'O. à l'E., de *Terre-Sabrina*, *Terre* ou *Côte-Clarie*, *Terre-Adélie* et *Terre-Victoria*.

TABLE.

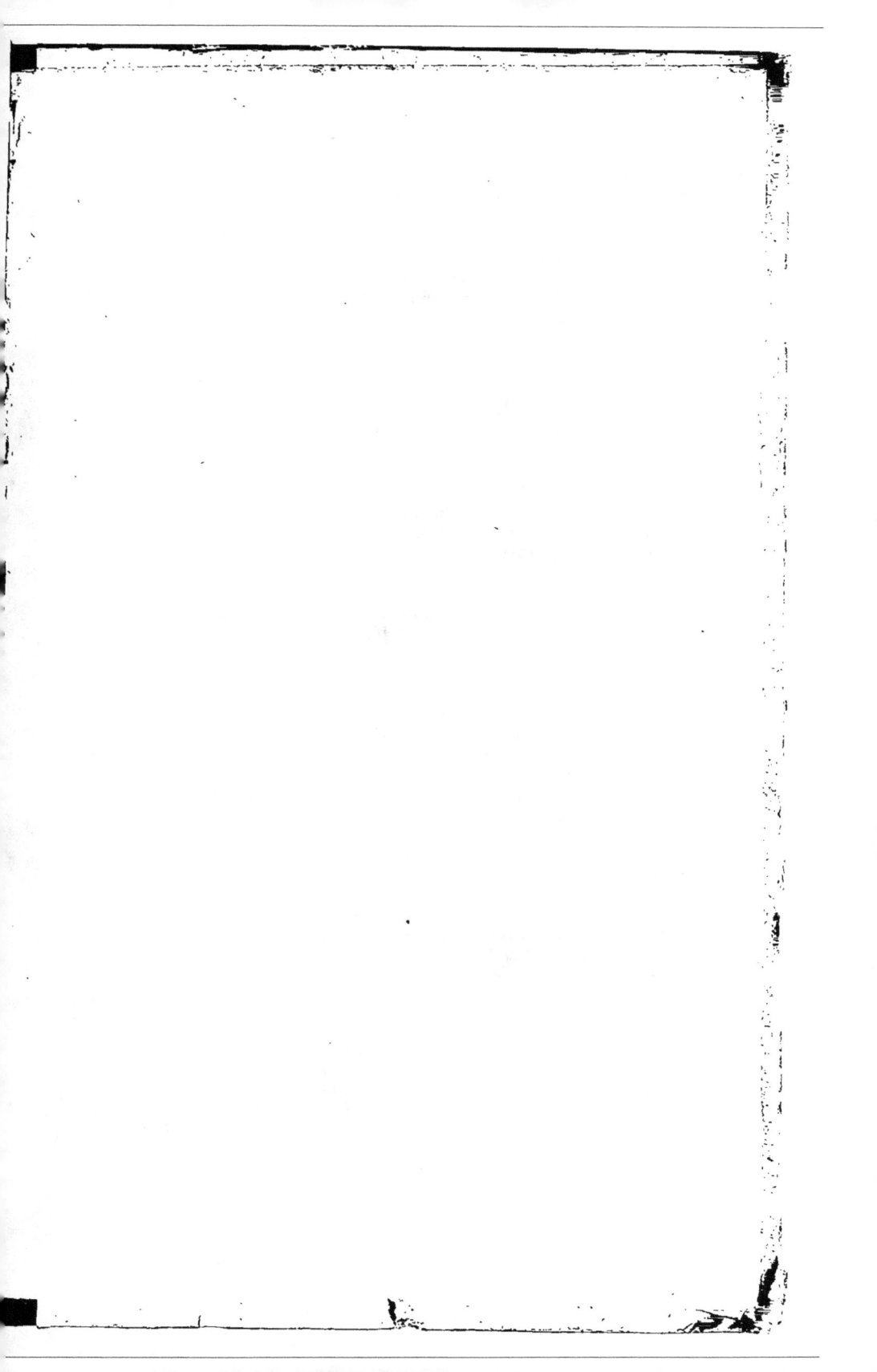

Paris. Typographie Henri Plon, rue Garancière, 8.

www.ingramcontent.com/pod-product-compliance
Lightning Source LLC
Chambersburg PA
CBHW071647200326
41519CB00012BA/2435